界面交互设计理论研究

沈 嵩 著

吉林摄影出版社
·长春·

图书在版编目（CIP）数据

界面交互设计理论研究 / 沈嵩著. -- 长春 : 吉林摄影出版社, 2023.12

ISBN 978-7-5498-6070-8

Ⅰ. ①界… Ⅱ. ①沈… Ⅲ. ①人机界面－程序设计 Ⅳ. ①TP311.1

中国国家版本馆CIP数据核字(2023)第256343号

界面交互设计理论研究

JIEMIAN JIAOHU SHEJI LILUN YANJIU

著　　者　沈　嵩
出 版 人　车　强
责任编辑　李　冰
封面设计　文　亮
开　　本　787毫米×1092毫米　1/16
字　　数　220千字
印　　张　10.5
版　　次　2023年12月第1版
印　　次　2023年12月第1次印刷

出　　版　吉林摄影出版社
发　　行　吉林摄影出版社
地　　址　长春市净月高新技术开发区福祉大路5788号
　　　　　邮编：130118
网　　址　www.jlsycbs.net
电　　话　总编办：0431-81629821
　　　　　发行科：0431-81629829
印　　刷　河北创联印刷有限公司

书　　号　ISBN 978-7-5498-6070-8　　定　　价：56.00元

前 言

当今社会，和谐的信息交互是人们对于信息获取与识别的良好愿望，科学化、高效化、系统化的交互界面设计成为界面设计师所追求的目标，但相关的研究从设计学的角度系统化、通用化地对交互界面进行分析的还很少。当前，信息技术的变革正在全球范围内展开，信息全球化的趋势已逐渐形成，人们对于信息的渴望与需求也越来越迫切，这种变化正在逐渐地改变人们以往的生活方式，如何使人们快速、准确、有效地获得自己所需的信息成为信息时代人们首要解决的问题。人们所获得的信息都可以转变成为数字化的内容，信息传播的途径已从实体化转变成基于大众媒介、电子服务的数字化传递，设计的形式与功能也开始转变为抽象的、非物质的关系。由于这些特性的影响，人们的行为、生活和信息交流的方式正在发生巨大的变革。基于信息交互的无形产品将在社会经济发展中占有越来越大的比重，交互界面的设计研究也就成为重中之重；我国正处于信息化建设的关键时期，为了迎合信息时代的要求，解决人、机器、环境三者之间日趋复杂的关系，我们应该加大对交互界面设计的重视程度，完善软件界面设计的方式方法，真正使软件界面设计达到和谐的信息交互目的。

本书主要研究界面交互设计方面的问题，涉及丰富的界面交互知识，主要内容包括交互设计概述、交互界面设计基础、交互界面设计的认知困境、关于软件交互界面设计的讨论、移动终端交互界面设计、交互界面设计的人因分析、信息因素、模型建立与发展趋势等。本书在内容选取上既兼顾到知识的系统性，又考虑到可接受性，同时强调界面交互设计技术的应用性。本书涉及面广、技术新、实用性强，使读者能理论结合实践，获得知识的同时掌握技能。本书兼具理论与实际应用价值，可供相关教育工作者参考和借鉴。

由于笔者水平有限，本书难免存在不妥甚至谬误之处，敬请广大学界同人与读者朋友批评指正。

目　录

第一章　交互设计概述

第一节　交互设计的概念

交互设计是新媒体艺术的一个重要分支，交互设计是由世界顶级设计咨询公司IDEO的一位创始人比尔·摩格理吉（Bill Moggridge）在1984年最先提出的，研究人机之间的交互界面设计，后来更名为“Interaction Design”，缩写为IXD。交互设计让设计产品更符合人们日常的生活使用习惯，让产品更好用，使用起来更有趣，是能给使用者带来更大愉悦感的设计研究领域。

第二节　交互设计应用领域

交互设计是一项综合艺术，它基于新媒体技术发展起来，并因技术的飞速发展而开辟出一片崭新的天地，它不但开发创造出很多新的应用领域，如网络艺术、虚拟现实等，同时也打破了传统艺术形式单一的束缚，为传统艺术的发展打开了广阔的发展空间，如融合了交互功能的创新舞台设计，给观众带来更丰富的艺术体验，让表演艺术发生了革命性的改变。

交互设计应用领域大体可分为两大方向，即在纯艺术领域的创新以及在商业设计上的大显身手。

1. 纯艺术创新

纯艺术包括造型艺术、表演艺术、综合艺术等，是人类文化的璀璨结晶，这些艺术在几千年的发展过程中逐渐完善，最终形成了现在我们看到的美术、音乐、表演、影视等艺术形式，即使发展时间最短的影视艺术也有近百年的历史，艺术家通过这些艺术作品展现个人对艺术以及世界的认知。随着科技的发展，新媒体技术也快速走进艺术家们的创作世界，那些走在前面的创新艺术家们运用交互设计概念与技术对传统的艺术进行改造和创新，重塑传统的艺术表现或创造出全新的艺术形态。

运用交互技术为纯艺术作品增加更多的维度是对传统艺术进行改造的重要方法，比如加入人或时间维度后的艺术作品，会因参观者的加入或时间的行进而呈现出不同的音画效果，而不是像传统的艺术作品那样，一旦创作结束就完全定形了。

加入了交互表现形式的艺术作品有了更多表现的空间，交互技术的神秘高深与艺术的复杂深刻相碰撞，更容易引起观众对高科技的探索与对人类未来生存发展的思考，对于那些更偏好批判现实主义题材的艺术家们，交互技术就像他们手里多出来的魔法棒，把他们对人类发展的关注与反思更魔幻地呈现在大众眼前，给观众带来新奇的感观体验，这些作品越来越多地出现在各大艺术中心、展览馆等公共空间，成为人类艺术亮丽的风景。

2. 商业设计应用

除去在纯艺术领域中的发展，交互设计另一个巨大的应用领域就是商业设计，它们充分发挥了交互设计的特点，不仅最大限度拓展其商业价值，带动了相关行业的发展，促进了就业市场，还真正让交互设计走进百姓生活，提升了人们的生活品质。特别是近几年，交互设计在商业领域显示出了极高的发展潜力，不断创新出新的产业，比如共享经济的诞生，共享单车一夜之间遍及城市乡村。基于移动终端的电子商务飞速发展，两三年就改变了全体民众的支付方式甚至生活习惯，外卖、快递的便捷，电子导航的灵活、社交网络的无障碍、智能家居的普及等等，这些交互产品的诞生与快速发展已经从根本上改变了整个社会的发展态势与经济结构，而其未来的发展还将有无限的可能。

无论是在艺术领域还是商业设计市场，交互设计都有广阔的发展空间，但与传统的、相对固定的艺术表现形式不同，交互设计的艺术表现更多样，更不可预测。很多交互设计的表现形式还在创新中不断发展出来，面对这么多表现形式，初学交互设计的同学们常常会觉得无处着手。所以我们将已有的交互设计的表现形式进行了归类，让大家有迹可循。目前，交互设计主要可分为以下四大表现形式：

（1）互动装置：互动装置是交互技术与传统装置设计完美结合的全新设计形式，可带来强烈的沉浸感与游戏的趣味性，被广泛应用于商业广告、科普展示等场合。这类应用强调作品的现场体验，所以如何设计一套具有独特体验的人机交互界面是这类应用的重点。

（2）虚拟仿真：在电脑中创造一个虚拟的互动世界是计算机技术给人类带来的最大惊喜之一，它把很多现实里无法模拟的现象通过虚拟的场景展现出来，并可以实现人机互动，这是交互设计的另一个主要的应用方向，统称为虚拟仿真。交互设计的虚拟仿真可以广泛应用于商业娱乐与科学研究领域，如电子游戏就是最成功的虚拟仿真娱乐应用。而在科学与研究领域有一类应用叫严肃游戏（Serious Game），它打造一些虚拟的互动游戏类交互设计，但它的应用不是为了娱乐，而是为了科学研究与工程应用，如医疗手术模拟、航空驾驶员培训、桥梁负载模拟、物流运转流程，也可用于场馆虚拟浏览等应用。严肃游戏的交互设计应用具有更广阔的发展前景，也是交互设计与传统产业相融合的重要交叉点。这类应用主要是设计一个虚拟的交互环境，交互方式与可视化设计的优劣直接决定了作品的质量。

（3）信息服务：信息是当今社会的重要资产，具有无穷的价值，交互设计另一个重要的应用领域就是各类信息的挖掘、查询与展示，比如传统的新闻类网站平台，现在多数已开通了基于移动端的应用产品；各种商业视频网站平台也实现了移动端与电视端的信息共享；这几年发展飞速的产品零售平台、订餐类服务外卖平台、电影票购买与评价平台等；当然还有各种政府与企事业单位的信息展示平台等。这类信息服务平台包罗万象，涉及社会与经济生活的方方面面，目前主要以电脑或移动终端等为发布界面，这类应用的设计重点是科学的信息架构与良好的用户体验。

（4）实物产品：这里所说的实物产品是指具有交互功能的实体产品设计。这些年，利用交互概念设计的日用品逐渐出现在人们的日常生活中，比如特别有明星效应的家用机器人产品，还有开辟了巨大商业市场的智能家居系列产品等，为人们的生活增添了不少色彩，同时它们也具有广阔的商业发展前景。随着5G的到来，可以预见智能家居和可穿戴设备以及车联网等相关产品都会如雨后春笋般发展起来。美国 Ambicnt Devicc 公司是较早推出交互实物产品的公司，能量球 Engcrgy Orb 是其最早一批在市场获得成功的交互实物产品，用户可以预先在平台上定制参数服务，如婚礼倒计时，通过无线网络能量球会实时接收数据而变化小球的颜色来提醒用户时间的逼近。将无感情的数据转化为有温度的色彩，成为家居中一件美丽的饰品，为生活增添了色彩与情感。同期还有 Leapfrog 公司出品的教育玩具笔 Fly Pentop，是儿童智能交互产品设计的一个成功范例。Fly Pentop 是一款专门为 9 ～ 14 岁小朋友设计的可计算、可演奏、可记日程的神奇画笔，而所有这些功能的实现只需要小朋友自己在纸上画出计算器、交响乐器、记事本等就可以快乐地玩耍了。画笔虽小，但功能齐全，安装了电脑芯片、迷你摄像头、扬声器以及电池来实现所有功能设计。Lightalk LED 扫描笔则是另一款成功的办公用品，按下一个按钮，扫描要展示的图片，然后转换到展示模式，握住笔的后段进行挥舞，LED 灯光就会将你要展示的图片呈现在空中，也有人利用这一原理制作出数字荧光棒，在各大演出现场发售。

随着新媒体技术的飞速发展，越来越多的交互实物产品被研发出来，走进了我们的日常生活。小米公司是我国最早进军智能家居产业的公司之一，目前他们打造的米家生活平台已形成了一个分类齐全、模式统一的产业集群，推动着我国智能家居的飞速发展。

第三节 交互设计流程

交互设计的应用领域不同，表现形式各异，设计重点也各有侧重。那么对于设计师来讲，该如何着手进行交互设计创作呢？不同类别的交互设计创作流程可以一致吗？

虽然交互设计表现形式多样，但作为交互设计师，除了要一直保持创新精神，培养综合创作能力，还要能透过现象看本质，找到一些共同的创作方法与创作流程，本书我们仍然推荐参照 Jesse James Garrett 提出的非常有效的用户体验五要素来指导交互设计创作流程。Jesse James Garrett 在 2002 年出版了《用户体验的要素》一书，提出了用户体验的五个重要设计流程，虽然已经过去了近 20 年，但这五个设计要素却仍然可以有效地指导我们今天的交互产品设计工作。

Jesse James Garrett 提出的用户体验五要素最初是一个可以检验用户对产品体验感的流程。这个流程虽然更侧重在用户体验上，但设计师们慢慢发现这五大要素也非常符合交互设计的基本创作流程，同样可以用来指导交互产品设计流程。唯一不同的是用户对产品的体验过程是由具体到抽象的过程，而设计师在进行产品设计时则是从抽象到具体的反过程。下面就依据这个顺序，来梳理一下交互设计的整个设计流程，并依次完成 MRD（Maket Requirement Document，市场需求文档）、BRD（Businccss Requirement Documcnt，商业需求文档）和 PRD（Product Requirement Document，产品需求文档）的编写工作。

1. 战略层

这一层要搞清楚为什么要设计这个交互产品？这也是市场需求文档和商业需求文档的主要内容。

（1）主题选择：对项目的大方向进行概括性分析，可以采用思维导图的方法，对主题进行思维拓展，寻找一个较清晰的预期研究方向与脉络。

（2）市场分析：根据预期研究的选题，对当前市场的基本情况进行调查，可采用现场走访、发放问卷或查阅数据等方法，了解市场产品的现状，有没有其他竞品，对方的优势与缺点等信息。

（3）用户调查：了解产品的服务对象，采用情景调查的方法，掌握这些用户的基本特征，要通过交互作品帮助用户解决什么问题，用户痛点又在哪里，产品最终要达到的目标是什么。

（4）商业价值：厘清产品的商业价值、社会价值，还应该考虑是否会产生一些间接价值等。

（5）风险评估：预测项目可能会产生的风险，提前制定一些预防措施来尽可能避免风险的发生，同时也应针对风险准备好应对策略。

（6）项目实施计划：计划项目整体实施的时间，并做详细的项目推进时间表。在项目实践中，交互设计项目选题通常可分为指定命题或自主命题。指定命题是指主题已确定，设计师只需要围绕选题展开设计之旅。而实际上，目前大部分交互艺术项目都是自主命题，如果有委托方，委托方通常会给一个设计目标，比如宣传某一个产品或服务，然后由设计师考虑用什么主题对项目进行包装、整合，就像广告设计一样，宣传的主题需要设计师进行考虑，之所以自选主题成为主流，主要还是由于交互设计的表现形式多样，技术与设计方法也日新月异，委托方往往没有一个非常明确而清晰的预想效果，所以很多时候都将主题的选择权交给设计师，只要完成最终的宣传目标就可以了。当然很多时候是在没有委托方的情况下，企业或个人选择有市场价值和社会意义的新项目进行自主创作。众所周知，变互设计是一个非常适合创新、创业的设计领域，很多取得巨大成功的设计形态和商业模式都出自这个设计领域，所以很多创业团队也在苦苦探寻符合市场需求的、有商业前景的主题进行新产品开发，选择一个正确的主题是项目成功的重要条件。对于自主命题，设计师虽然拥有了更大的创作自由，但同时也要承担巨大风险，因为一旦出现选题偏差，就会导致后面所有的工作前功尽弃。而一个好的交互设计项目选题就如同埋藏在地下的富矿，虽然稀少，却蕴含着巨大的财富。

那么如何进行项目选题呢？经过对目前市场上成功项目的归纳总结，我们发现选题虽然看似天马行空，有人做电子支付，有人做共享经济，有人做社交平台，但成功的选题还是有迹可循的，它们无不围绕社会和民生展开，特别是在某些传统领域，以往的技术没法解决的问题上，交互设计往往会打破藩篱，开辟出一条全新的康庄大道。总结下来，比较成功的交互项目选题主要围绕三条主线展开：社会发展、经济生活和介于两者之间的民生热点。

在经济生活方面，当我们把视角从人类、民族和社会转回我们每一个社会个体的时候，柴米油盐的经济生活是与每一位居民都密切相关的根本议题，这里所说的经济生活包括商业宣传、休闲娱乐以及生活品质等方面。

（1）商业宣传：商业宣传是经济生活的重要环节，特别是近年数字媒体的广泛应用，让公共传播媒介发生了本质变化，发布成本更低，针对人群更强，发布方式更多样，宣传效应更显著。而其中的交互媒体更以其生动、有趣成为当前重要的商业宣传媒介。

现在，用交互设计进行商业宣传的项目越来越多，交互设计师也在不断开发新的技术与表现方法来适应市场的需要。比如城市绿地交互广告项目，一块普通的广告屏在有人坐下来休息时，画面里会出现很多卡通动物来陪你聊天、给你唱歌；当人们离开后，屏幕自动恢复成广告内容。这些城市公共空间的互动广告越来越多地得到民众及广告主的喜爱，成为城市一道可爱的风景。

（2）休闲娱乐：随着国民生产总值的不断提高，休闲娱乐在人民生活中的比重越来越高，随着数字影视、电子游戏等产业的飞速发展，VR、AI 等新技术日新月异，各方对交互媒体的需求与日俱增，各种全新的商业应用和产业空间也在不断发展壮大。

（3）生活品质：除了宣传和娱乐等用途而之外，交互设计更为广大民众的生活品质带来巨大的变革。智能家居、智能健康设备等已慢慢进入寻常百姓家。智能摄像头、智能体重秤、智能手环等产品已经成为华为、小米等企业发展的又一重要力量。而随着 5G 的迫近，基于移动终端的智能家居类物联网产品更会有一个井喷式的发展。交互智能产品几乎没有原型可供参考，唯一的共同特点就是创新，创新的交互产品在给民众带来高品质生活的同时，也为交互设计应用领域开辟出更广阔的发展空间。

当然，除了社会发展与经济生活外，在选择交互项目主题时也应该把重点放在更紧迫、更受关注的民生热点问题上面，教育、医疗和养老等主题一直是民众最关心的热点话题。这三大热点无论对于个人、社会还是国家，都是至关重要的，它们和个人的幸福感、安全感和获得感息息相关，更关系到整个社会的安定团结。

（1）教育：十年树木百年树人，中国一直是一个崇尚教育的国家，在教育投入上毫不客气，所以居民的教育需求一直非常大。随着信息化技术的飞速发展，这几年教育方式也发生了根本的转变，通过网络学习的占比越来越高，形式多样的在线教学交互软件平台也应运而生。通过网络学习平台，进行自主学习不仅给每个公民都提供了更公平丰富的学习途径，更为未来教育的变革提供了渠道和路径。

（2）医疗：和教育一样，近几年，基于交互技术的医疗相关服务产业迅速崛起，如网上问诊、在线挂号甚至远程手术等如雨后春笋般快速发展起来，促进了全民医疗水平提升与资源平等共享。另外，各种交互家用医疗产品，如智能血压计、体重秤、数字体液快速检测仪及与它们配套的 App 也不断面世，逐渐向全套家居自助医疗检测与健康管理系统迈进，这也成为近年医疗市场主要的发展方向之一。交互技术在医疗领域的完美介入，改善了居民不良的生活习惯，提升了居民健康管理意识，减轻了社会医疗压力，让更多人享受到优质的医疗资源。所以说交互医疗这个选题不仅有很高的商业价值，也有很好的社会意义。

（3）养老：全世界都敲响了人口老龄化的警钟，中国作为一个人口大国所要面临的困境甚至更严重。要解决老龄化问题是需要全民动员的，国家、政府、民间特别是居民自己都要去想方设法寻找更适合的方法，以缓解老龄化带来的一系列社会问题。目前，传统的设计方法与社会管理手段在面对如此庞大的人口基数时都有些力不心，而交互设计的优势则可以在传统解决手段乏力的情况下，借助新技术来帮助老人进行更好的自我管理、精神抚慰、互帮互助，也可为政府和社会提供更高效的管理、监护等解决方案。可见这个交互设计选题对于国家、民族和个人都具有重要的意义。

2. 范围层

战略层主要研究产品的设计目标，而范围层则是要将设计目标落地，让它具体化，也就是研究要设计什么样的产品，要把哪些主要功能放到产品里。

市场需求文档和商业需求文档都是战略层要完成的任务，在范围层中则要确定项目的主目标，并进行精细化分析，对主要功能进行反复推敲筛选，最终把产品需求明确罗列出来，完成产品需求文档的编写。

（1）需求分析：对产品的核心概念设计进行详细描述，可以用概念示意图来进行表述。

（2）用户分析：对受众人群特点进行科学的分析是进行交互界面设计的基础，只有了解用户是什么样的人，成长经历、文化背景、行为模式、真实的内心需求等相关信息，才能设计出符合受众生理与心理需求的交互产品。比如作品主体受众是儿童，那么在进行设计时就要考虑孩子的身高体重等指标，以满足交互界面设计时的物理台面高度、形态以及交互的逻辑方式，以适应不同年龄段儿童的使用需求。

（3）商业模型：需要对产品的商业模式进行描述，如产品如何盈利的、商业运作模式如何。

（4）功能列表：把项目目标用功能列表的方式罗列出来，列出产品主体功能关系，并对功能结构里每个重要的功能模块进行解读说明，可以用实例，也可用图表等可视化形式。

（5）其他需求：除了产品的主体功能说明外，在这一层里还应该对产品设计的其他需求进行约束描绘，如整个作品的美术风格、像素精度等性能需求都可以在这里补充。

3. 结构层

结构层位于用户体验五要素的正中间，是从抽象到具体的中间衔接点。在结构层中将继续完善产品需求文档，把范围层中抽象的功能需求细化成信息架构的搭建和交互功能的规划。技术方案的可行性测试也是需要在结构层完成的工作之一。

（1）信息架构：信息架构是从数据库设计引申来的，最早是创建数据库时建立一些信息字段，如创建个人信息表时，就要建立多个相关的字段，姓名、性别、年龄、职业等。后来被两位信息管理专家推广到更广阔的设计结构、组织管理和归类方法层面，便于用户快速地查找到他们想要的信息。在交互设计中，信息架构主要是研究如何对项目里所使用的信息进行整理、归类、流转等，可以让交互产品的使用者更快速地在交互产品中理解信息的管理方法，并迅速查找到自己想要的信息。对于不同类型的交互设计产品，其信息架构的表现形式也会因为产品的特点和性质而有所不同。

（2）交互设计：根据用户端的结构进行页面交互设计，可用低保真的原型图来绘制每个功能页面的基本功能分布，并对交互设计图直接标注，以帮助工程师更好地完成项目制作。

（3）可行性测试：交互设计是技术与艺术结合的产物，一个好的想法如果没有可行性的技术支持的话也等于纸上谈兵。在项目规划阶段就要做好技术方案的测试工作，有些需要做测试小样出来，以保证所选的解决方案具有绝对的可行性，并且要注意成本和效率问题。交互设计项目中的技术问题主要体现在软件和硬件两个方面，软件包括系统架构、算法编程等问题；硬件方面则包含与计算机通信的机电一体化的控制方案等。对于一些较复杂的项目，为了保证项目后期顺利完成，前期的技术测试是必须要提前完成的。

4. 框架层

框架层让交互设计从抽象完全走向具体，根据上面已经完成的产品需求文档 PRD 来细化落实项目的每一个细节，对逻辑可视化界面要进行精细化设计，对交互物理界面则要完成全部的硬件功能设计。

细化信息内容与交互方式，按照结构层里已完成的信息架构与交互设计，进一步对其进行终极细化。例如设计捐助页面，捐助金额单位设置成 10 元、50 元，还是 100 元为佳；捐助对象按什么方式分类更合理；甚至表单选择是下拉菜单还是列表方式更符合用户使用习惯等问题，都要经过设计师的深入调研、无数次的用户体验后，才能给出最符合设计需求的解决方案。

5. 表现层

在表现层里，需要完成项目的所有视觉相关设计，如项目的美术风格、配色方案、图形设计等，属于 UI 设计师的工作范畴，在框架层的基础上完成作品的高保真页面设计。

设计师在进行表现层设计时，需要满足以下两个设计要点。

（1）风格统一：在组织设计元素时，较容易出现的问题是所有的元素都缺乏统一的标准，比如页面风格不统一，元素的尺寸、色调甚至精度都不统一的问题，这些表现因素虽然是设计的最后环节，但也是最凸显的环节，是项目品质最直观的表现。

（2）人性化设计：所有交互界面设计都应满足人性化的需求，比如某科技馆的一个观影空间，高起的椅背、音响的设计，营造出一个私密又可交流、不互相干扰的休息与观影的空间环境。

Jesse 提出的用户体验的五要素从抽象到具体，符合逻辑思维的习惯，用于交互设计项目流程指导可以很好地让设计师把控交互设计的全过程，具有极强的可操作性。当然交互项目种类繁多，每个项目的开发环境、开发人员组成都不尽相同，在具体设计时，应该根据实际情况适当进行调整，高质量、高效率地完成交互项目的设计工作。

第二章 交互界面设计基础

第一节 交互界面设计概念

交互界面，指可供人机交流的平台，也可以理解为搭建一种语言环境，让人或自然界与计算机等智能设备对话成为可能。所以交互界面设计主要是运用人性化的逻辑思维组织信息系统环境，为使用者创造一个有效且有趣的与智能设备交流的方式。交互界面设计是实现作品交互性的具体手段，也是交互项目设计的核心内容。

一般交互界面设计可分为两个部分，一部分是为信息组织一个清晰的逻辑关系，这部分工作往往是在计算机中完成的，可称为“逻辑界面”设计；另一部分是设计一套灵活又有趣的物理交流方法，比如人们可以通过肢体的运动来控制视频的播放等，实现这一功能一般需要采用机电技术，可称之为“物理界面”设计。

很大一部分交互作品是既包含逻辑界面也包含物理界面的项目，比如一些交互装置作品，如参观者用脚去踩地上的控制按钮来发出指令给计算机属于物理界面的设计工作，而中间屏幕显示出的影像内容则是通过逻辑界面来完成的，这是典型的由逻辑界面与物理界面共同完成的交互项目。这类作品的一般设计流程是先进行逻辑交互界面创作，完成人机交互功能设计，然后再配合踏板的物理界面，实现物理交互界面设计，最终完成整个交互项目的设计。

当然并不是所有交互艺术作品都由逻辑界面和物理界面共同组成。同样是拳击游戏，交互产品是运行于电脑或个人移动终端的电子游戏，使用者可以通过键盘、鼠标、触摸屏等实现人机对话，这类交互设计就只需要进行逻辑界面的创作，而不需要设计物理界面；而一个真人拳击游戏，玩家用肢体语言向系统发出指令，系统用声光电给予回应，不用电子屏幕，这类作品只需要物理界面的创作即可完成整体交互设计工作。从这两个典型交互作品中可以看出，逻辑界面信息丰富多彩，可以为受众带来一个全新的奇妙世界；物理界面则让用户用自己习惯的方式与虚拟世界对话，给用户更好的沉浸感和更丰富的用户体验。

第二节　交互界面设计特点

1. 人性化的设计理念

人性化设计理念是交互界面设计的基础，设计师们最开始进行新媒体艺术创作也是源于人性化设计的需求。人们不再满足于枯燥而烦琐的初级信息，希望看到更赏心悦目、更简单易懂的系统应用，于是基于新媒体的艺术形式慢慢发展起来，为人们提供了一个个更自然的信息获取环境、更简单有趣的知识学习环境、更有卖点的商业宣传环境以及更有创意的互动艺术展示环境等。因此，我们在展览馆中可以使用简单便捷的信息导游系统、在科技馆中可以体验虚拟太空旅行、在商场里可以在穿衣魔镜里为自己试穿所有当季服装，还可以让小朋友在儿童医院的走廊里探寻绿野仙踪。这些交互艺术所创造出来的新景象都是为了给人们提供更简单舒适和生动有趣的生活服务，在这些种类繁多的新媒体作品中，我们充分体验到了人性化设计的光辉。科技的飞速发展，计算机已成为我们生活的必需品，但伴随着计算机成长起来的人们，希望科技不再仅仅是冷冰冰的万能机器，不只是键盘、鼠标或方方正正的显示器，而更希望科技能真正融入人们的日常生活，丰富我们的生活体验。

交互界面设计正是为了满足人性化的需求而发展起来的，借助电子传感等技术，让使用者与计算机接触的界面变得更加自然、亲近与直接，以往需要以键盘或鼠标为沟通工具的信息交流模式被更加人性化的交互界面取而代之，如用人们日常习惯的翻书动作取代鼠标点击方式来控制虚拟交互作品的翻页功能，已是司空见惯的人机交互设计模式。

2. 开放的艺术体验

数字化技术的引入，使得我们在进行交互艺术创作时可以更方便地综合运用多种艺术形式。与很多传统艺术形式如绘画、雕塑等一旦定稿就封存不变的性质不同，交互艺术拥有更多的开放属性。通过给作品添加时空、人物等多个全新维度，现场观众也可以成为作品内容的一部分。作品的样貌甚至会根据时间的流转、环境温度或湿度等物理因素的细微变化而实时发生改变。正是这种增加了多种维度的交互作品呈现出的随机性与不确定性，给观众带来了丰富的艺术体验，也让交互设计充满了迷人的魅力。如交互舞台艺术作品，舞台周围的影像会随着演员的肢体动作而实时地发生变化，因为增加了表演者的维度，作品完全开放了，演员的表演和由这些表演衍生出的动态交互影像互相依存，共同构建了这件舞台交互艺术作品。

3. 游戏性带来更多参与乐趣

交互性是交互界面设计的基本要素，借助数字化技术，对作品进行重新解构、分割、组合，创造出一种全新的感官体验。爱玩游戏是人类的天性，是生命喜悦的存在状态，如果可以把这种交互性通过游戏的方式展现出来，那么这件交互作品会得到更多受众的喜爱。

《城市迷宫》是通过与城市影像的有机组合，表现现代人行走在繁华都市的渺茫的心情。作品借助电子传感装置，观赏者可以通过脚下的踏板，选择不同方向，在城市中行进，以此来控制作品中街景的播放顺序，参观者在欣赏同一件作品时，因为选择不同的路而经历了截然不同的心灵体验。

某科技馆生命科学展区的《生命的起源》交互项目前，总是围绕着众多的参观者，这是一个人类生命起源的科普作品，可以同时让多个参观者加入其中，一起玩抢夺精子的游戏。在游戏过程中，参观者对生命起源有了更清晰的理解和认知，趣味性的游戏设计也让这场科学探秘之旅变得生动有趣。

第三节　交互界面设计原则

交互设计种类繁杂，依据不同的设计形式选择最适合的设计方法才能事半功倍。虽然设计形式多样，但我们仍然可以找出一些具有普遍意义的设计原则来约束所有的交互设计项目，以保证交互设计的独特魅力。

1. 功能结构清晰

功能至上是交互设计的基本要求，无论界面多么漂亮，都应是建立在功能完善的基础之上的。试想一个提供信息查询的交互作品如果连基本的查询功能都很难使用，那再好的美术设计也是没有意义的。

进行功能设计时特别要注意结构的清晰性，功能结构清楚会给使用者带来应用的便利，反之一个结构混乱、思路不清的界面设计很容易给人带来困扰，从而影响功能的使用效率。

要保证结构清晰必须注意以下两点：

（1）主目录要具有唯一性，所有内容均可以找到唯一的位置；

（2）层级尽量不要超过三层，条目分列明确合理，便于快速进行信息查找。

2. 符合人性化设计规范

在进行交互界面设计时，符合人性化的设计规范一直是交互设计最基本也是最核心的设计原则。依据人因工程学的各项标准，设计符合使用者的生理结构、满足使用者的心理与行为习惯的作品，为使用者带来更方便、更舒适的用户体验。

3. 加强界面的多媒体艺术表现

界面设计要突出多媒体的特性，充分发挥多媒体的优势。围绕设计主题，运用图片、文字、声音、影像甚至动画等各种多媒体元素的有机组合，给作品带来更多元的艺术表现，增加界面的活力，吸引用户的关注。

4. 既依靠技术又弱化技术

一方面，交互设计的发展在很大程度上是依靠技术带动起来的，甚至可以说没有数字技术支持就没有现代交互媒体的大发展。但另一方面，伴随着数字技术成长起来的消费者则希望在享受高科技带来便利的同时，这些交互产品也能像普通家居用品一样与生活完美贴合，让生活重新回归本原状态。这就要求我们在设计交互产品的时候用自然的界面取代数字产品冰冷、生硬的样貌，让用户在享受科技带来的便捷与舒适的同时，又不被技术的表象所打扰，这是交互界面设计追求的至高境界。

第三章　产品交互界面的认知困境

第一节　现代产品特征及设计发展

一、产品特征

（一）复杂化

随着时代的进步和科技的发展，一方面，产品概念不断延伸，产品品类不断丰富，产品更新换代不断加速；另一方面，产品以技术先进、功能集成、结构创新、系统性强、动态性高为特征的复杂化趋势愈加明显。产品复杂化，其根本原因是人类不断提升的主观需求；外在原因是材料、技术、工艺、制造等来自客观世界的限制不断削弱；刺激因素是激烈的市场竞争，最终使产品表现为系统复杂化：不断增大的系统总体功能和系统集成度，不断增加的系统组成成分和相互接口，不断提高的系统功能指标和性能指标。

（二）同质化

在传统制造业创新动力不足的背景下，一方面产品受到成本与品质的控制，大量采用成熟的制造工艺与技术降低风险；另一方面设计理念的更新与技术本身的革新需要一定的时间周期，导致了市场产品的同质化现状。比如，不同品牌的手机、电视机、数控机床等产品，其相应的功能、性能基本没有非常大的差异。过度的产品同质化导致了资源的浪费，使得企业创新乏力，不得不通过“价格战”等方式进行不良竞争，也造成了用户审美的疲劳。如何在同质化的产品中脱颖而出需要设计师更多的智慧与创新。

（三）黑箱化

所谓产品“黑箱化”指的是产品外观、结构、功能之间缺乏特定的必要关联，用户无法了解产品的内部结构，仅能通过它的“信息输入—信息输出”关系理解和认知产品。比如我们每天都看的数字电视（机），绝大多数用户并不了解它的信号传输原理、内部构造和数字成像原理，只能从信息和行为的关联上理解产品。特别是我们正处在高速发展的信息时代，数字技术、信息技术、网络技术不断地向传统产品渗透，产品的自动化程度、信息化水平越来越高，产品黑箱化趋势明显，产品造型与机能也失去了必然的、密切的联系。

（四）非物质化

伴随着计算机和通信技术的迅速发展，人类已进入智能时代和信息时代。物联网技术与半导体技术等软硬件的发展为产品的非物质化提供了技术条件，人机交互、用户体验、交互设计等新理念的研究为产品的非物质化提供了拓展方向。智能汽车、智能手机、智能穿戴产品等，都大大拓展了传统产品的定义，硬件载体作为产品有形的物质形式，不再是产品竞争力的核心。产品非物质化的趋势将极大地改变产品设计：首先，智能化使得产品所包含的优质服务、良好用户体验等这些非物质内容，已成为产品竞争的核心要素；其次，许多需要实体产品承载的活动或过程逐渐被数字信息这种非物质的形式取代（如在线虚拟支付取代货币的交换流通，音乐光盘存储被在线储存取代等），产品本身已经呈现非物质化的趋势；最后，用户与产品的交互空间也从原来具体的物理空间（如商店、电影院）拓展到了物质形式与非物质形式（如虚拟网络空间、全息投影空间等）并存的综合交互平台。

二、产品设计发展

（1）信息与交互

在信息化时代，产品发展交叉融合、特征鲜明，由高技术、高性能和多功能集成的复杂化、不同品牌甚至同品牌系列产品的同质化、产品控制与结构不可见的黑箱化以及产品形式的非物质化使得产品设计从传统的造型设计扩展到了更加广泛的领域，信息与交互已经成为当代产品设计的重要领域和方向之一。目前，信息与交互设计主要集中在界面、用户和产品三个层面上，通过界面来实现用户与产品之间信息的双向沟通，定义人与产品之间的关系和交互行为。从信息与交互设计的角度看，信息是在产品内容层面的设计对象，定义了设计对象的意义；交互是在行为、关系、动作、流程等层面的设计对象，定义了设计对象的形式。如果把产品信息与交互设计和传统的造型设计进行类比，交互设计也可以看作内容和形式的二元体系架构，内容是交互所实现的功能，形式则是交互（如流程、行为、方式、反馈等）的艺术表达。

（2）系统与界面

传统的产品造型主要包括功能、材质、色彩、形态等设计要素，它重视造型与环境的协调，与社会文化的延续性，它从造型与人机关系的匹配上重视产品工效。而信息与交互设计则是从交互系统的视角，重视产品交互界面设计。交互系统是产品所在的“人—机—环境系统”中的一个重要组成部分，它是在用户与产品交互的接口，是在用户—产品之间起到信息交流和控制活动作用的载体，产品的各种信息显示是通过人体感觉器官作用于用户，实现产品—用户的信息传递；用户接收到信息后经过感知觉、记忆系统、思维和决策等认知加工，做出反应选择和动作输出，完成用户—产品的动作传递。产品交互界面研究的核心是在特定环境下用户与产品关系的协调问题，通过优良的产品交互界面设计能有效地解决交互行为的有效性、效率、安全和舒适等问题。产品交互界面是用户与产品之间传递、交换信息的媒介和对话接口，通常是指用户与产品硬件和软件交互的界面，是实现产品硬件、软件和用户三者之间协调一致的载体。

（3）符号与认知

相较于传统的产品造型设计，产品的信息与交互设计也从关注用户与产品间的匹配关系转换为用户认知因素和系统逻辑过程的结合问题。随着高科技、信息化、服务化产品的快速发展，用户与产品的交互问题逐渐凸显，主要是产品交互界面设计的不合理问题，界面不易理解、不易学习、不便使用、软硬件界面不匹配等，造成用户和产品之间不能精确、有效、高效地进行信息传递和交换，造成用户的认知障碍，信息交流不通畅，甚至产生误解和错误。因此，从认知问题出发，研究产品交互界面的设计问题十分必要。

产品交互界面是用户与产品双方通过各种符号进行双向信息交换的平台，可实现产品信息的内部形式与用户可以接受形式之间的双向转换。从设计学与符号学交叉角度界定，产品交互界面主要是通过图形、文字、形态、色彩、材质、声音等交互符号要素及其组织构成关系进行合理设计，实现产品信息传达的有效性和高效性，同时满足用户的精神需求，获得用户满意。因此，交互符号是产品界面实现信息传达和人机交互功能的载体，它一方面要能够揭示或暗示产品的控制原理、交互流程，或清晰地提示产品的交互方式、操作方法；另一方面应该具备交互的仪式性，即交互符号应当暗示产品的象征意义和文化内涵。

第二节 产品交互中用户认知机理与认知困境

一、用户认知机理

认知心理学是认知科学的一个重要分支，一般包含广义和狭义两种。广义认知心理学以人类心理的认识活动及其过程为主要研究对象，探讨个体认知的发生与发展。狭义认知心理学把人看作信息加工系统，以个体的心理结构与心理过程为研究对象，重点探讨人认知的信息加工过程，以揭示人认知过程中信息的获得、存储、加工、提取和运用等信息加工的内部心理机制，研究范围涉及感觉、知觉、记忆、思维、推理、注意等认知活动。1983 年，Card（卡德）、Moran（莫兰）和 Newell（内韦尔）的《人机交互心理学》（*The Psychology of Human-Computer Interaction*）一书的出版，标志着认知心理学研究已正式应用于人机交互设计领域。

随着当代产品所承载的微电子技术、信息技术、网络技术等科技含量的增加，其结构和功能也会相应地变得繁杂起来，黑箱化、非物质化特征愈趋明显。试想一下，当用户执行了某个操作，却无法预知接下来会发生什么事情，这样糟糕的状态还不如数十年前的“机械产品”来得更为简洁。美国交互设计大师 Alan Cooper（艾伦·库伯）将用户与高科技产品的互动误差称为“认知摩擦”，而这种误差主要表现为用户与产品之间双向交流的混乱。显然，“认知摩擦”的存在与现代技术的集中应用有关，但是更为重要的是传统的工业设计方法存在局限。库伯随后提出“解决由技术带来的认知摩擦的最好办法就是交互设计，它能让我们的生活更舒服，让机器更智能，让技术更人性化”。基于库伯的研究，在更广泛意义上的产品交互领域同样需要认知心理学理论的指导。

用户与产品交互过程中用户对交互界面的信息搜索、注意、记忆、学习、理解等认知活动是交互设计的核心环节。认知心理学主要研究人在感觉、知觉、思维、决策等信息加工中共性的心理过程，注意、工作记忆等认知资源的特征，以及心理图式、认知模型匹配等认知活动中共性的心理特征，我们统称为认知机理，这些认知机理同样适用于用户使用产品交互界面时的认知活动。认知机理和产品交互界面设计有着必然的联系，认知机理是影响用户感知、理解、学习和使用交互界面的内因，是开展产品交互界面设计的理论基础和依据。因此，产品交互界面设计的研究离不开对认知机理的挖掘和梳理。

符号被认为是携带意义的感知。意义必须用符号才能表达，没有意义的表达和理解，不仅现实世界无法存在，人无法存在，人的思想也不可能存在。因此，认知科学与符号意义的表达和理解紧密相关。2007年国际学术刊物《认知符号学》(*Cognitive Semiotics*)正式出版，也标志着认知符号学作为符号学研究的一个分支已经从起步阶段逐渐走向成熟。图3-1将符号学方法和认知心理学理论统一于产品交互界面的认知框架，并表达了交互界面符号学设计方法的应用不仅与用户认知活动密切相关，也明确地说明了交互界面的可用性和用户体验受界面符号学设计以及用户认知活动的影响。

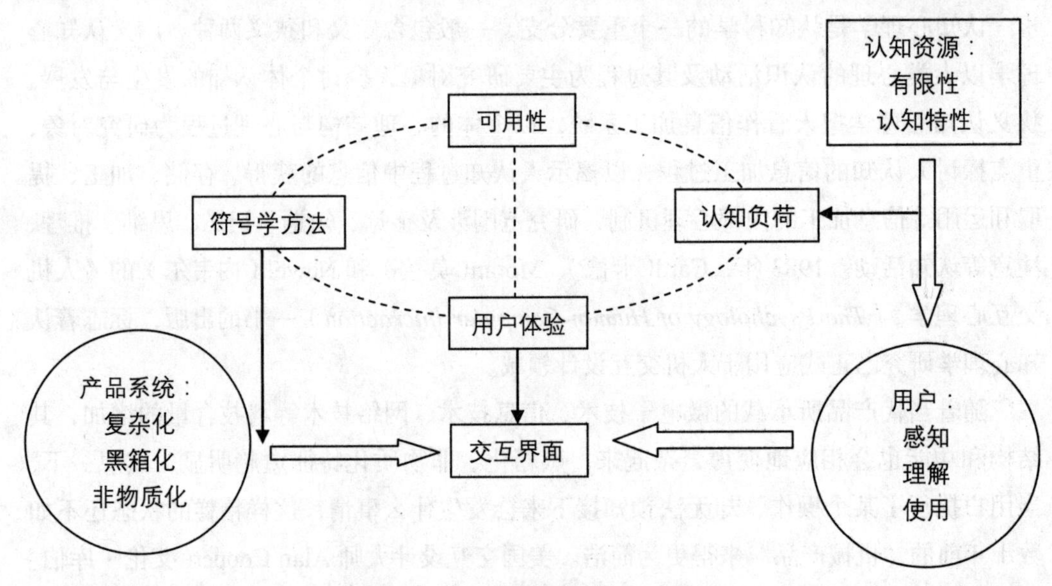

图3-1　产品交互界面的认知框架

产品交互界面中的认知活动，主要是指用户解读交互界面，将其转化为抽象的综合信息，然后将这种综合信息作为产品使用和操作的决策依据的过程。一方面，解读过程中感觉、知觉、思维等认知活动要消耗注意力和工作记忆等认知资源，产生认知负荷。另一方面，解读过程是用户对交互信息的加工和处理，交互信息设计与用户认知机理匹配的优劣以及认知负荷的高低将决定产品交互界面的可用性和用户体验。应用符号学方法，就是解决产品交互界面设计中的易识别、易理解、易记忆以及降低用户认知负荷等认知问题，提高用户与产品交流的通畅性和交互操作效率等可用性问题，以及提升用户与产品交互的感官、行为和情感上的体验问题。

二、用户认知困境

产品交互中的认知困境主要是由交互界面设计不合理造成的。复杂的智能化产品多采用软、硬件结合界面，且多使用先进的界面显控技术和灵活的人机交互技术相结合，一方面在设计上可以更多地满足用户的操控需求，另一方面也意味着交互界面上的信息量更大，信息结构更为复杂。产品交互界面设计，就是将系统抽象信息转化为用户易识别、易理解的交互符号系统，包括字符、文本、图形、色彩、材质、肌理、形态等符号元素，以及符号元素之间的信息层次结构关系。这既加大了产品交互界面的设计难度，也从客观上增加了用户认知的难度。用户在使用产品界面过程中，他的信息处理和行为决策能力与其认知水平、注意力、记忆力、压力等心理特性密切相关。不合理的交互界面设计，将会造成用户不理解符号意义，用户与产品之间通过界面的信息双向传达出现障碍，用户不理解交互方式、交互流程，认知负荷大等认知困境。在用户与产品的交互中，认知困境的具体表现主要有以下几种：

（1）注意力分散

在产品交互界面中，往往同时存在软件界面和硬件界面常常是文本、图形、色彩、材质、肌理、声音等符号形式并存的状况，用户获取信息的来源众多。用户在对产品认知的过程中，需要将不同来源的信息整合起来，以获得完整的有效信息。若相同内容、不同形式的信息呈现分散时，用户会将这些信息视为两个或两个以上的来源，分别捕捉并短暂记忆后，再将其整合形成整体认知。这将形成用户认知负荷，进而造成注意力分散的认知困境。

在某电饭煲的界面设计中，将“煮饭”“粥 / 汤”两种功能的符号分别以文字信息、光源信息、按钮形态信息三种不同的来源同时传达，但按钮信息和光源信息分处不同的区域，且排列方式也不相同，用户需要将他们的注意力分散，分别对这两种不同来源的信息进行短暂记忆后，再花费额外精力对信息进行整合处理，以达到对产品功能的认知。因此，若设计师将相同内容的信息以整合的方式呈现，而不是靠用户去整合，则可以从技术上消除注意力分散的认知困境。

（2）认知重复

当产品界面中两类不同的信息源（如图形符号与文字符号）分别都能解释或说明信息内容时，若将两者放置在一起，用户往往会将其视为整体，并在二者之间建立对应关联。这种整合式的信息呈现方式，可以在某种程度上消除注意力分散，减轻用户的认知负荷。但必须说明的是，这两种信息同时呈现时，需要有主辅之分。比如手机工具界面中图标下面辅以文字符号，两者传达相同内容的信息，以图标为主、文字为辅，当新手用户无法识别图标所表达的含义时，文字符号将有助于有效信息的获取，增强记忆，减少用户的认知负荷。但与此相反，如果两类信息源的呈现主辅不分，或者用户无法判断主辅时，用户会在关联信息的情况下对两类信息分别进行注意，产生重复的效果，从而加重认知负荷，造成认知困境。例如某品牌洗衣机界面中同时以中英文符号，甚至夹杂着图形符号呈现信息，位置对等、比重相同，用户无法确定主次，重复认知必然会给用户造成多余负担，影响信息传达的速度和有效性。

（3）信息反馈不完善

与认知重复的困境相反，在某些产品交互界面中，由于符号与信息对应关联的缺乏或符号设计的缺陷，产品信息反馈不完善，常常使用户陷入接收不到反馈信息或反馈信息无法识别的困境，进而影响用户对信息的判断和操作。如某品牌电脑机箱上的开机键和重启键，形状、材质、颜色几乎完全相同，甚至位置差异也很小，常常导致用户（特别是新手用户）在使用时需要特别关注特征不明显且差异小的图形符号标注，造成相当程度的认知负荷。

（4）交互过程烦琐

在功能相对复杂的产品交互中，由于硬件界面控制键过多、软件界面层级过多等客观因素，若出现不当的设计，很容易使用户陷入交互过程烦琐的困境。这类情况的发生主要是因为没有考虑用户，不是以用户为中心规划交互流程，而是以产品为中心，简单地堆积功能。设计中，没有从人—产品交互系统的角度出发研究用户特征、用户需求，更没有分析交互情境和使用场景，从而造成交互过程烦琐。如通用机顶盒遥控器，它设置了很多按键，按键之间既不考虑交互需要确定导航布局，也没有合理的功能分区，根本不重视用户使用产品时的语境，而侧重表现产品的功能列表，这会直接导致用户学习和认知的困难，交互过程烦琐，可用性差。如某品牌数字电视遥控器，综合用户使用分析和用户认知特征，简化了交互流程，强化了功能分区，将不重要的功能进行整合，并通过与数字电视终端界面配合，优化交互层级和信息导航，整体上解决了交互认知困境。

（5）高认知负荷

认知负荷是影响用户操作绩效的重要原因。大脑对信息的加工处理能力是有限的，当外界信息量超出大脑的认知能力范围时，就会出现认知超载。类似于电脑在短时间内无法处理大量的任务会变慢甚至死机。因此，当大脑需要处理的信息越多，其负荷也就越重。在现实生活中，人所面临的各种干扰和压力是不可避免的，这些外在因素已经占用了大脑的一部分处理能力。因此，在产品的交互设计中，需要科学地处理信息资源以减轻用户的认知负荷，让用户可以快捷地获取有效信息。如某客车的驾驶室交互界面，用户在集中注意力操作方向盘、挡位、油门、刹车的同时，必须关注仪表盘、数字显示终端、按钮、按键上的信息，用户认知压力大，不合理的信息交互方式和信息结构，以及杂乱的符号设计增加了用户识别信息的难度，消耗了用户大量的注意、记忆等认知资源，用户处于高认知负荷状态，这对用户面对危险紧急情况下的应急反应十分不利。降低用户在交互过程中的认知负荷水平主要有两种方法：一种是简化界面的交互流程，另一种是设计易于用户理解的界面信息。这两种方法在界面交互设计过程中通常会交替使用。

第三节 产品交互界面的可用性和用户体验

一、可用性的概念

产品交互界面的认知困境若得不到重视，将严重影响交互效率，影响界面可用性，有损用户体验。当前一些产品交互界面设计存在用户不理解、用户认知负荷过载等情况，造成交互操作无从下手、交互效率低等可用性差的问题。正确认识和解决这一问题，有必要全面地理解可用性。

可用性是一个具有强烈交叉性质的概念，近年来一直受到情报学、传播学、计算机软件工程、设计学、人机交互等多个学科领域专家学者的关注。设计领域中人机交互可用性的研究最早起源于“二战时期”，来源于人因工程，主要应用于设计人员研发新式武器的过程中，多属工程学的范畴。20 世纪 80 年代，计算机从无到有，逐渐走入寻常家庭，大量没有基础的普通用户在使用计算机的时候遭遇了严重困难，基于这种情况，可用性的概念出现了。第一次有记录的可用性研究出现在 1981 年，当时施乐公司下属的帕罗奥多研究中心的一个员工记录了该公司在 Xerox Star 工作站（Xerox 8010 Information System）的开发过程引入了可用性测试的经过。在目前国际标准委员会（ISO）发布的国际标准中，ISO9126、ISO9241 和 ISO13407 分别从不同角度阐述了对可用性的定义和理解

（1）ISO 9126

在 ISO9126——软件产品评价—质量特性及其使用指南中，阐述了在产品开发过程中衡量软件质量的六个方面（软件质量模型），依次为功能性（Functionality）、可靠性（Reliability）、可用性（Usability）、有效性（Efficiency）、维护性（Maintainability）和移植性（Portability），如图 3-2 所示。同时，该标准将可用性定义为“在特定使用情景下，软件产品能够被用户理解、学习、使用，能够吸引用户的能力”。可用性主要由四个属性构成：理解性（Understandability）、可学习性（Learnability）、可操作性（Operability）和吸引程度（Attractiveness）。此处的可用性是用来描述在特定的场合下，用户了解、熟知和喜爱使用该产品的程度。

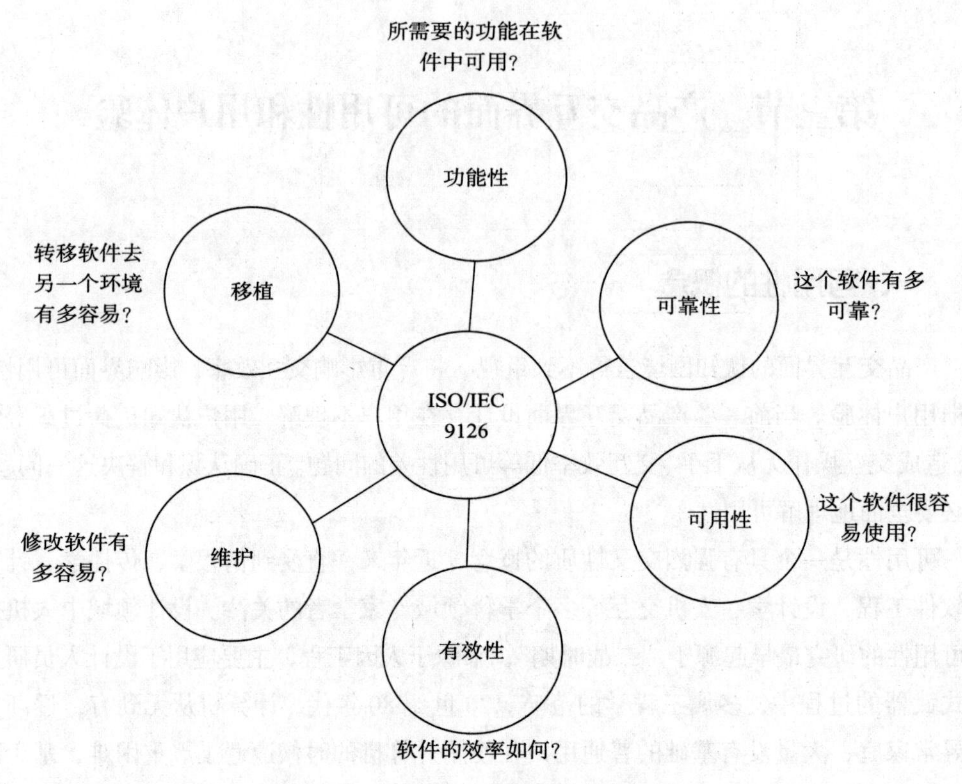

图 3-2　ISO 9126 质量模型六大标准

（2）ISO9241

在 ISO9241——关于办公室环境下交互式计算机系统的人类工效学国际标准中，从工效学的角度描述了各种硬件交互设备和软件交互界面的详细设计规定，这些规定大大促进了人机交互的发展。其中标准所描述的可用性进一步概括为：在一定环境下，用户使用产品完成任务的有效性、准确度和满意度，如图 3-3 所示。

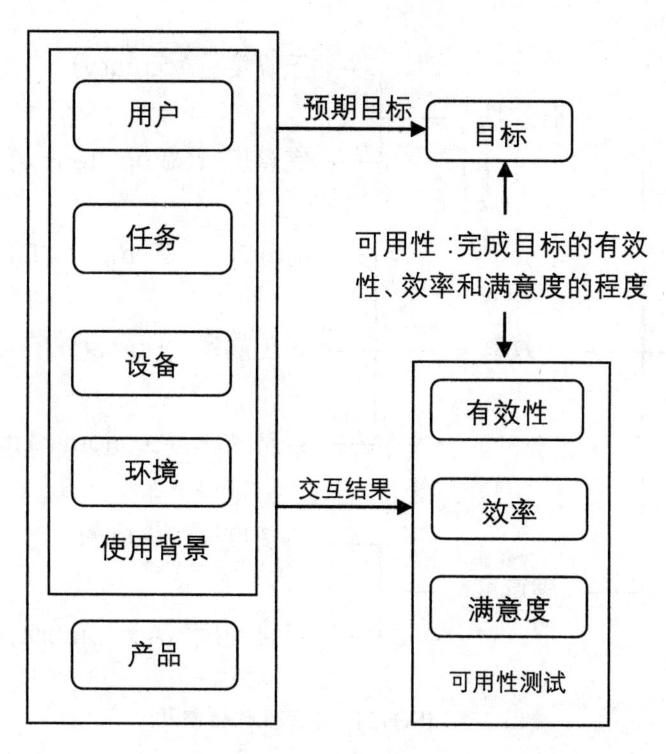

图 3-3　ISO 9241 可用性框架及各组件关系

对于可用性的评价，虽然标准 ISO9241 并未明确指出其测量方式，但标准从用户任务完成的有效性、效率和满意度三个方面提出了可用性的评估属性，如图 3-4 所示，有效性：可以用户使用系统完成各种任务所达到的正确度（Accuracy）和完整度（Completeness）来评估；效率：可以用户按照正确度和完整度完成任务所耗费的资源（包括智力、体力、时间、材料或经济资源）比率来评估，具体可包括时间效率（Temporal Efficiency）、人工效率（Human Efficiency）和经济效率（Economic Efficiency）；满意度：可以用户使用系统过程中主观感受到的舒适度（Comfort）和可接受度（Acceptability）来评估。

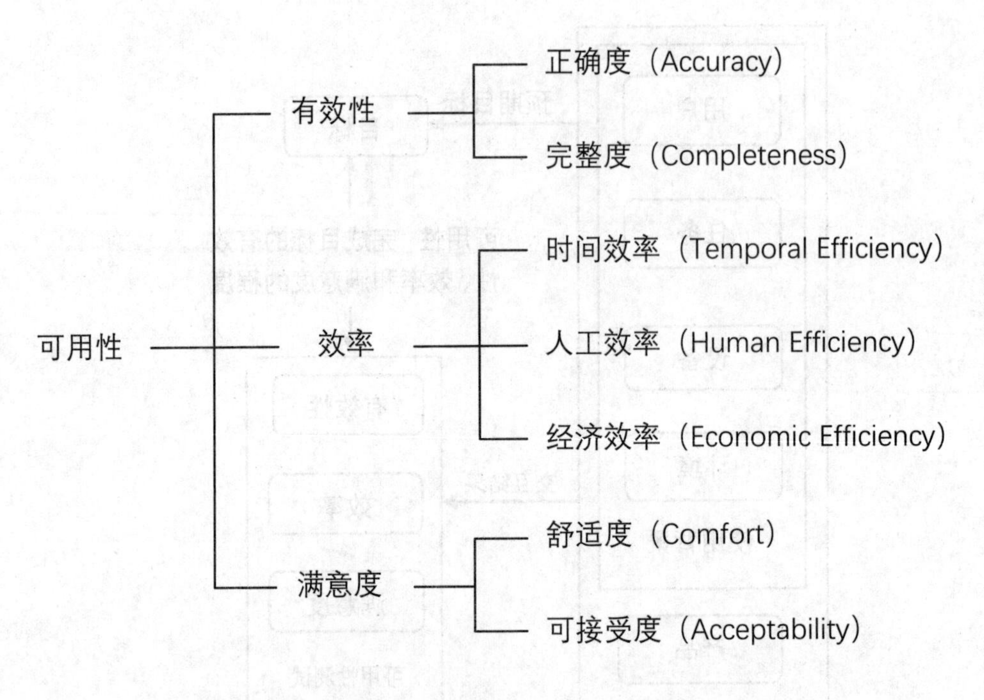

图 3-4 ISO9241 可用性评估架构

(3)ISO13407

在 ISO13407——有关交互式系统的以人为中心的设计过程的国际标准中，描述了为提高系统可用性，在产品生命周期中进行以用户为中心的设计开发的总原则，如图 3-5 所示。该标准中的可用性以满足用户需求为目的，并要求设计要尽量改善用户的工作环境，将产品使用过程中对用户健康和工作绩效带来的不利影响降到最小，因此包含了一些人类工效学和人类因素学的相关知识，标准对产品开发的流程和方法并没有给出确切的规定。但该标准的意义在于将可用性引入产品交互。可用性被看作是最基本的产品交互质量属性，是用来评判产品的实用性以及产品功能效用的重要标准。因此，从交互界面设计的视角来看，可用性可被定义为：当用户在规定情境中操作产品界面时，有效地达到指定目标的程度；同时，界面的可用性应与易用性和友好性联系起来。

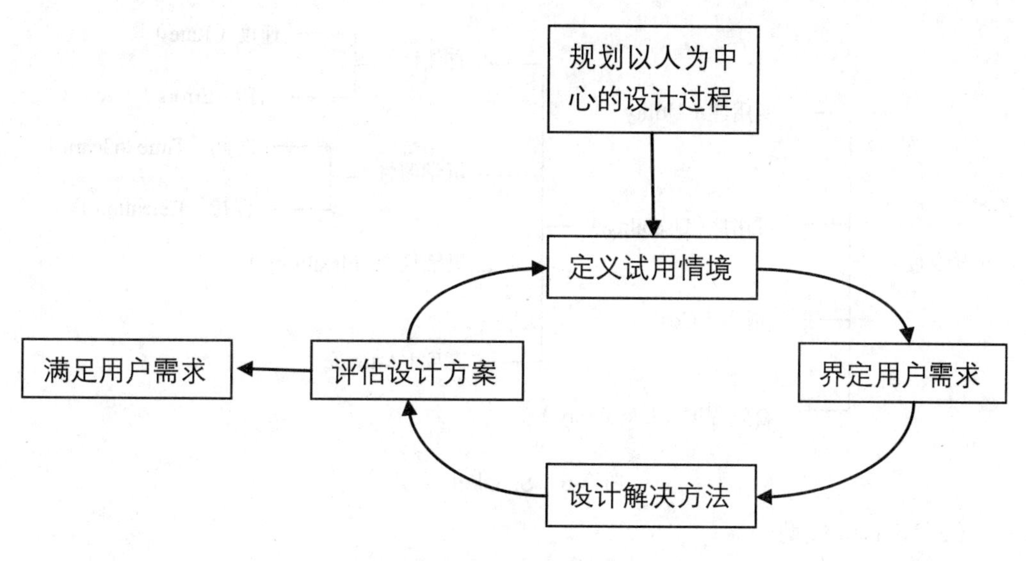

图 3-5　以用户为中心的设计原则

二、可用性模型

（1）Shackel 模型

Brian Shackel（布瑞恩·沙克尔）根据自己多年的工作经验于 1991 年提出了自己的可用性模型，得到了多领域的认同和应用改进。Shackel 认为得到用户的认可是产品交互的最终目的，用户对产品的接受度可从实用性（Utility）、可用性（Usability）、喜爱程度（Likeability）和成本（Costs）四个方面来评定。实用性是产品对用户需求的满足程度，可用性是产品与用户通过交互实现其功能的能力，喜爱程度是产品引发用户的情感体验，成本是产品的经济性。在模型中，Shackel 又将可用性细分为有效性（Effectiveness）、可学习性（Learnability）、灵活性（Flexibility）和态度（Attitude）四个方面，其中有效性可以用达到效能的速度和出错的频率来衡量，可学习性可以用学习完成的时间和保持记忆的时间来衡量。模型的具体框架如图 3-6 所示。

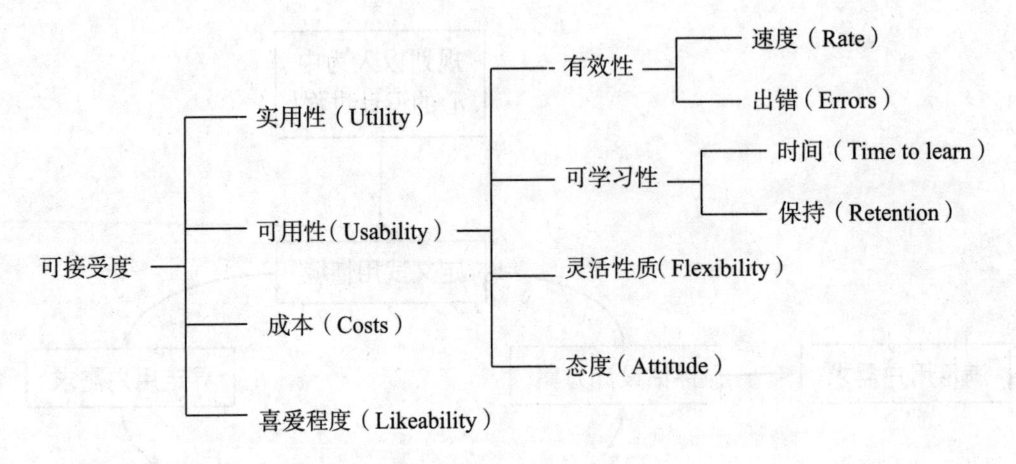

图 3-6　Shackel 模型

（2)Nielsen 模型

人机交互博士 Jakob Nielsen(雅各布·尼尔森）自 1983 年开始关于可用性的研究，从字符界面到图形界面。与 Shackel 的观点不同，Nielsen 认为在用户对产品使用的过程中，工作目标的实现受两个因素制约：一是实用性，产品是否提供了所需的功能；二是可用性，用户能否通过界面与产品系统进行高效的交互。所以，可用性属于多次细分后一个相对比较细小的指标，具体细分如图 3-7 所示。

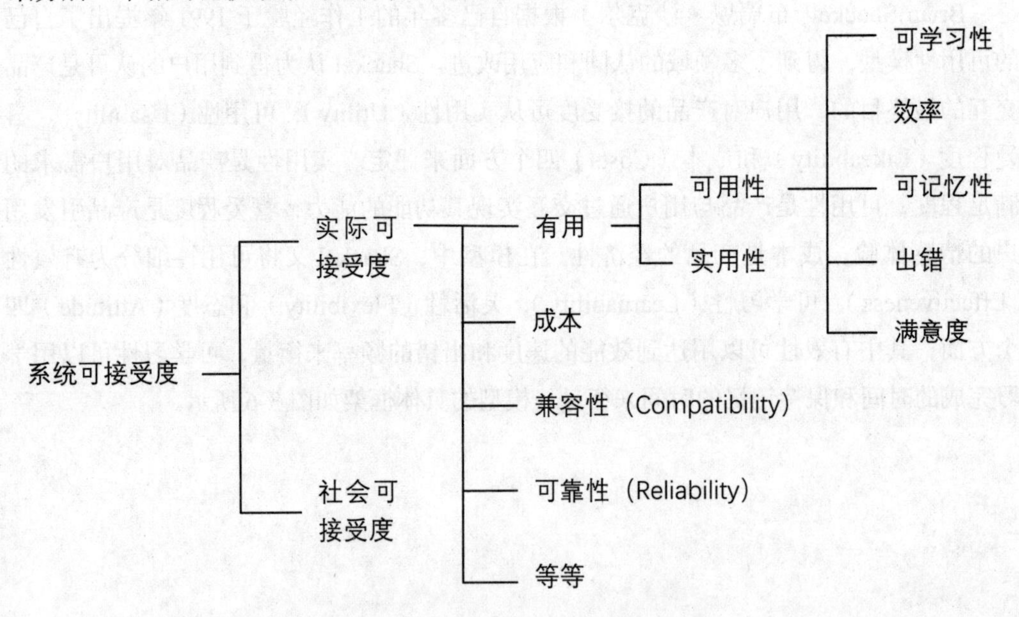

图 3-7　Nielsen 对可用性属性的描述

Nielsen 认为，可用性不仅可用于评估人与产品系统交互的所有方面，还可以扩展到安装和维护的过程，他提出的可用性模型得到了多数设计师和从业者的广泛认可。

在模型中，Nielsen 将用户分为新用户、偶然用户、熟练用户三种，将可用性分为可学习性、效率、可记忆性、出错和满意度五个维度。新用户是指初次或新近使用产品的用户；偶然用户是指新用户初次学会使用产品后，长时间不用或使用频率不高的用户；熟练用户是持续使用产品一段时间，对产品可熟练操作的用户。

可学习性是指新用户能否花费较少的时间和精力，达到对产品用户界面的合理操作水平。可学习性一般分为两种情况：一种是产品界面简单易学，新用户可在短时间内自由操作产品系统，但随着时间的推移，使用效率无明显提高；另一种是产品界面专业性强，相对复杂，新用户需要经过一定时间的培训才能自如操作产品系统，但随着时间的推移，用户对产品界面的使用效率会逐步提高。

效率是指用户对产品的操作达到稳定水平后完成指定功能任务的速度，通常用操作速度和单位时间内完成任务的数量来衡量。需要说明的是，出错率也作为考核效率的重要指标。

可记忆性是指偶然用户间隔一段时间没有使用产品，再次使用产品时，能够记忆产品如何操作使用的程度。与新用户不同，偶然用户已经具备对产品的操作能力，再次使用产品时，凭借的是对产品交互的回忆。因此，产品交互界面的设计要尽量能提示或引起用户对操作的回忆。

出错性是指用户在使用产品完成功能任务的过程中，所产生错误的数量。在模型中，Nielsen 还特别区分了出错破坏的程度。当然，即便是熟练用户，在实际使用产品的过程中不出错是不可能的，所以在产品交互特别是用户界面交互设计中，设计者要尽量考虑到用户可能出错的情况，尽可能降低产品使用过程中的出错概率。同时，设计者要保证一旦发生错误操作，用户能独立发现错误并做出正确的修复操作，避免错误的连续产生。对于会严重影响用户工作的灾难性错误，且这些错误用户难以自己修复的，在产品系统交互过程中要将其可能性降到最低。

满意是指用户在使用产品的过程中获得好的交互体验，是一种需求被满足后轻松愉悦的心理状态。用数字来衡量这种心理状态的满足程度就是满意度。用户对产品的满意度既可以通过访谈或调查问卷获得其主观想法来衡量，也可以通过统计分析用户实际操作产品过程中的出错率、可记忆率和使用效率来衡量。

（3）其他可用性模型

加拿大学者 Alain Abran 对可用性国际标准模型进行了改进，在加入可记忆性和满意度两个因素的基础上，提出了每个维度的具体评估方法。芬兰学者 Ahmed Seffah 在 Abran 研究的基础上构建了可用性指标评价体系，它包含因素、准则、指标和数据 4 个层面，并包含 10 个可用性维度和 26 个可用性评估模型。

三、用户体验目标

随着交互式系统中"以用户为中心"的设计理念不断被重视，用户体验也因此得到越来越多的关注，与可用性相比，它更加强调用户整体的主观感受和情感需求，它是建立在可用性的基础之上的，是可用性的扩充。可用性设计是功能性的，是为保障界面信息加工和传递的绩效而进行的；而体验设计是精神性的，是在界面信息设计中在对用户情感活动特征研究的基础上对用户操作心理感受和文化意象的关注。

Jennifer Preece（珍妮弗·普里斯）等在著作《交互设计——超越人机交互》中对交互设计的可用性目标和用户体验目标做了明确的界定。评价可用性目标以客观指标为主，如安全性指标、易用性指标、可靠性指标、操作和反馈效率等。用户体验目标的评价重视用户的参与，更由于因人而异显得相对主观，指标如界面美感、趣味性、启发性、成就感等等。

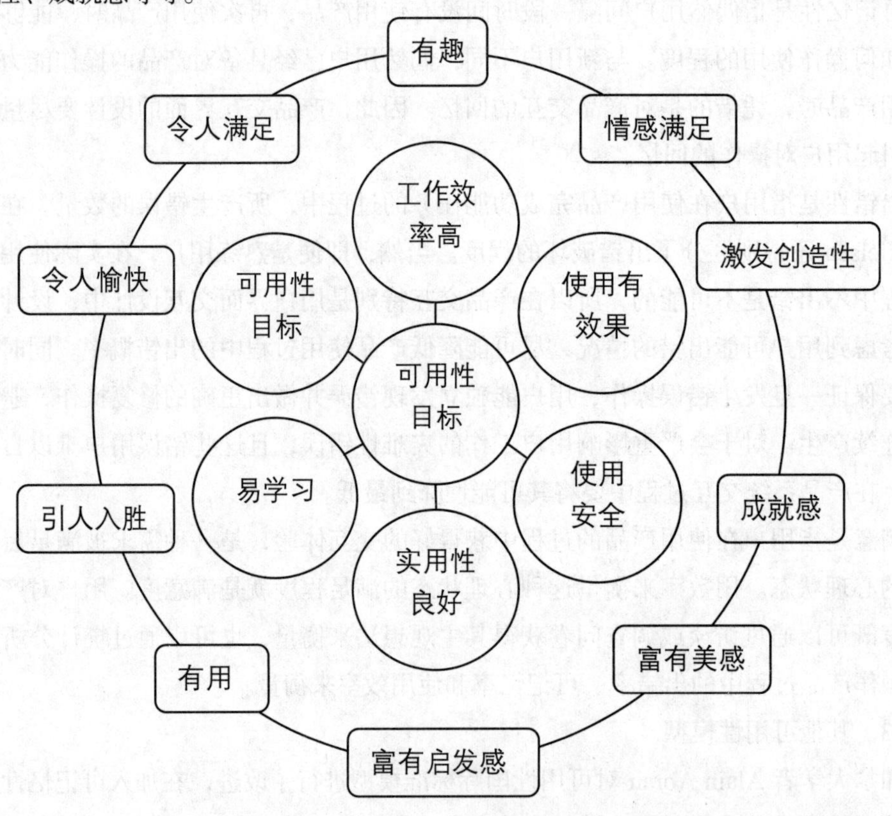

图 3-8　可用性目标和用户体验目标的总体框架

图 3-8 描绘了二者的关系，内圈为可用性目标，外圈表示用户体验目标。可用性目标是数字界面设计的根本和核心，体验性目标是数字界面的表现层，它让数字界面

在易用、高效的基础上给予用户精神关怀，让人愉悦，是人机交互中不可缺少的部分。在具体的数字界面设计中，可用性和体验性并不是孤立存在的，两者互为补充且相互制约。良好的可用性可以让用户产生好的情绪体验，良好的体验设计也会对用户知觉产生积极影响；同时，可用性目标和用户体验目标之间也存在着权衡问题，有趣的界面设计可能会分散用户的注意，一致性高的界面很难让用户感到引人入胜。因此，数字界面设计要根据具体用户和任务特点对两者进行选择和组合。

四、用户体验模型

用户体验模型主要解决用户体验的来源途径问题。目前主要有 Peter Morville（彼得·莫维尔）提出的用户体验蜂巢模型和 Whitney Quesenbery（惠特尼·奎瑟贝利）提出的“5Es”模型。图 3-9 的用户体验蜂巢模型（UE Honey Comb）很好地描述了用户体验的组成要素，将用户体验量化。从该模型中可以看出，用户体验的要素除了可用性之外，还包括其他指标。

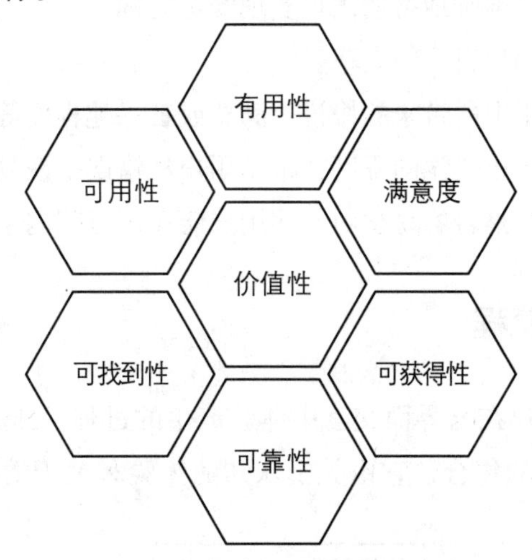

图 3-9　用户体验蜂巢模型

①有用性：设计的产品应当是有用的。

②可找到性：产品应当提供良好的导航和定位元素，使用户能够很快地找到所需的信息，并且知道自己的位置。

③可获得性：产品所包含的信息应当能为所有用户所获得。

④满意度：产品的元素应当满足用户的各种情感体验。

⑤可靠性：产品应该能够让用户所信赖，尽量设计和提供用户充分信赖的组件。

⑥价值性：产品能够为企业盈利，或者能够实现预期目标。

Whitney Quesenbery 的用户体验的“5Es”模型如图 3-10 所示，其 5 项指标分别为以下几种。

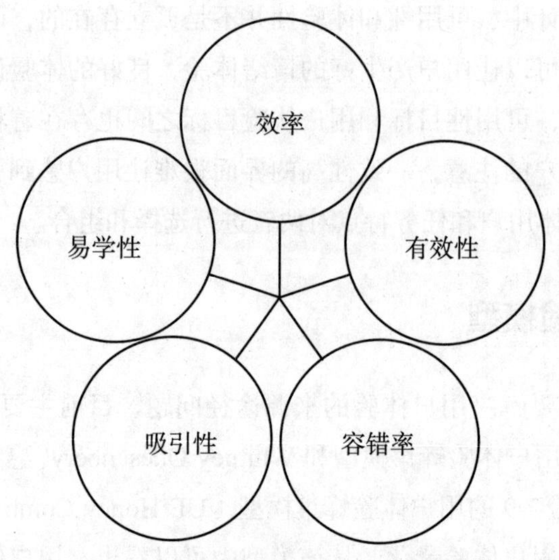

图 3-10 用户体验的"5Es"模型

①有效性：产品可以准确地帮助用户实现既定目标。

②效率：产品完成用户目标的效率。

③吸引性：产品使用中所带来的愉悦、满意或者兴趣程度等。

④容错：包含产品防止错误的程度和帮助用户从错误中恢复的能力。

⑤易学性：产品使用是否容易学习，使用户能在短时间内学会完成任务。

五、用户体验流程

用户体验流程即用户在与界面交互中体验产生的过程。Norman（诺曼）认为用户体验是一种与交互相关的集合，它由关于认知的体验和关于情感的体验两部分组成，如图 3-11 所示。

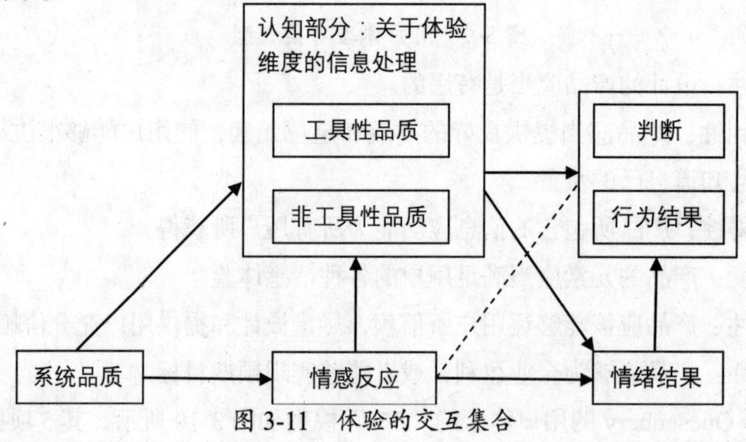

图 3-11 体验的交互集合

依据 Norman 的理论，我们可以把用户体验的产生流程归纳为如图 3-12 所示。元素处于整个用户体验的最初期，是用户对界面目标信息的识别和理解。元素包括界面表现元素和操作行为元素，界面表现元素是界面信息的物化表现，包括声音、光线、色彩、形态、材质及运动状态等等；操作行为要素是用户对界面交互方式的初级判断，包括单击、双击、触摸、按等。当用户获取完成任务所需的目标信息和操作方式，开始操作时，用户进入行为交互。在这一阶段，用户通过若干个最小的行为单元完成与界面的交互操作，从而形成体验行为。从单个信息的体验过程来说，元素行为交互、体验行为三个环节是按次序进行的，但由于系统的复杂性，在具体的人机交互过程中，这三个环节是相互关联和互相影响的，甚至对于不同的界面、不同的任务、不同的用户来说，各个环节中的要素划分也不尽相同。可正是由于这种复杂交错，若干个相近或相似的体验行为最终形成了具有差异性的用户体验。

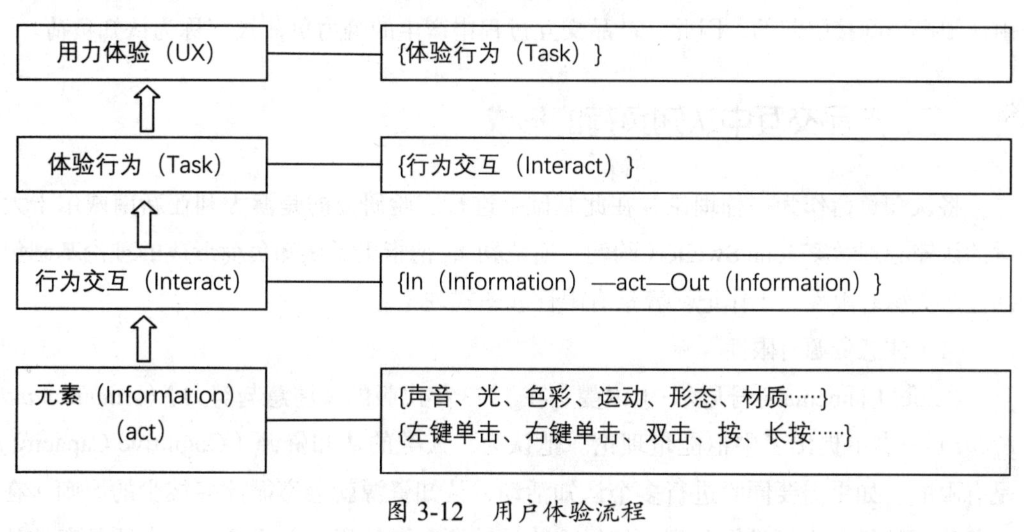

图 3-12　用户体验流程

第四节　产品交互中的认知负荷

一、认知负荷

现在很多信息产品，其界面人机交互的任务属性主要是“信息获取—理解—决策”，是用户全面掌控产品操作方式和产品系统运行状态的脑力活动，所以他们的工作负荷主要表现为认知容量（Capacities）或认知资源（Resources）负载状态的认知负荷。技术的发展，使产品交互界面中用户使用行为产生的生理负荷已不再是突出问题，而相应的交互行为中信息加工和认知摩擦等带来的认知负荷问题，已成为影响用户交互效率、用户体验的关键因素。因此，有必要厘清认知负荷的基本概念。

工作负荷（Work Load）是评价产品交互系统的一项重要指标。在产品交互界面的设计中，用户的工作负荷主要是指对界面信息的获取、理解和决策等不需要体力付出的负荷，也被称为脑力负荷（Mental Work Load）。

脑力负荷产生于脑力劳动。所谓脑力劳动就是指大脑这个信息加工系统对外界环境输入的信息和来自内部记忆的信息进行一系列加工的劳动形式。在一定时间内，大脑的信息加工任务越重，脑力劳动的强度就越大，脑力负荷就相应增大。但在用户与产品交互的过程中，脑力负荷不仅与脑内信息加工任务有关，也与用户自身的能力、动机、操作策略、情绪和状态有关。一般认为，脑力负荷包括信息加工负荷和主观情绪负荷两个方面。信息加工负荷是直接的认知负荷，主观情绪负荷则与疲劳一样，是由认知操作间接引起的，因此，产品交互过程中产生的脑力负荷被统称为认知负荷。

二、产品交互中认知负荷的形成

将认知负荷作为一种理论并在此基础上进行实验研究的是澳大利亚新南威尔士大学的认知心理学家 John Sweller（约翰·斯威勒），他指出了认知负荷形成的理论基础包括注意资源有限性、工作记忆容量有限性和图式理论。

（1）注意资源有限性

Daniel Kahneman（丹尼尔·卡内曼）在 1973 年出版的《注意与努力》（*Attentionand Effort*）一书中提出了中枢能量理论。他认为，人类的认知资源（Cognitive Capacity）是有限的，如果需要同时进行多个认知活动，认知资源就会遵循此多彼少的原则，在这些并行的任务之间进行分配。如果这些活动所需要的资源总量超过了人所具有的认知资源总量，就会造成认知负荷过载。但认知资源的总量并不是一成不变的，它和认识主体的唤醒程度紧密相连，在单元时间内，唤醒水平将决定注意的认知资源量。

从能量分配模型中可以看出，第一，认知资源量（能量）可因情绪、刺激强度等因素的作用而发生变化。第二，在资源分配中，输入刺激不具有主动性，资源量的分配按刺激的重要程度由认知系统中的一个专门机制负责。第三，资源分配方案中认识主体具有主动性，唤醒水平、情绪意愿、心理倾向、主体意愿、对完成信息加工任务所需能量的评估等，都会影响认识主体对客体刺激的选择。其中，唤醒水平决定认知资源总量；主体意愿体现任务要求和目的；心理倾向影响注意对象选择；对完成信息加工任务所需能量的评估，不仅影响可能得到能量的多少，对具体分配方案也有极大影响。因此，从理论上来说，只要不超过主体的认知资源总量，认识主体就可以同时接收、处理两个甚至多个刺激输入，并相应的进行多种认知活动。反之，一旦认知活动所需认知资源量超过主体认知资源总量，造成认知负荷过载，这些认知活动就会发生相互干扰，或某些输入刺激将不被注意。

（2）工作记忆容量有限性

以人的记忆结构模型为例。感觉登记首先通过视觉、听觉等感觉通道接收来自环境中的信息，信息在感觉登记中保持的时间很短暂，其中一部分得到注意并被工作记忆进一步加工。部分经工作记忆处理的信息被转移到长时记忆中，但是通常工作记忆中所加工的信息在进入长时记忆之前就已经与长时记忆建立了联系，因此它们之间存在信息的双向流动。记忆结构模型对记忆所涉及的模块、过程和结构给出了一个系统性的解释，三种记忆模块存在质的不同，主要表现在保持时间、贮存容量和遗忘机制三个方面。

记忆结构模型中，工作记忆充当了感觉登记和长时记忆的中间转换器。工作记忆的主要作用是信息加工，它支配着整个信息加工系统中的信息流，对认知活动的顺利开展至关重要。工作记忆的信息来源主要包括两个方面：一是从感觉登记传达过来的刺激信息；二是从长时记忆数据库中提取的经验、知识和技能。米勒的工作记忆贮存容量定量研究主要是通过数字广度测试和自由回忆中近因效应来进行评估，数字广度测试要求被试以正确顺序重复刚刚呈现过的一组随机数。不论是数字、字母还是单词，米勒发现工作记忆的广度都是 7 ± 2 个。米勒认为工作记忆容量大约为 7 个组块（Chunk），这里的组块是指整合的信息单元或信息片段。例如，“IBM”对于那些熟悉“国际商用机器公司”名称的人来说是 1 个组块，但对其他人就是 3 个组块。因此，呈现的信息若是有意义、有联系的并为人所熟悉的信息块，那么工作记忆广度就可增加，所以，把相关信息组合在一起进行工作记忆是信息设计的有效策略，但很明显，以组块为单位的广度值会随组块自身大小的增加而减小。

工作记忆在人信息加工系统模型和记忆结构模型中都处于重要的地位，它决定了人的信息加工能力和认知局限。容量有限性是工作记忆的关键特征，如果信息是无关联的文字、数字等物理片段，数量一旦超过工作记忆广度，工作记忆就会发生错误。并且工作记忆贮存能力很脆弱，任何干扰都可能导致遗忘发生。

（3）图式理论

在心理学中，图式指的是个体对过去反应或经验的积极组织。图式的概念最早由心理学家巴特利特提出，他在研究中发现每个被试都有属于自己的图式，当新的刺激出现时，被试倾向于用自己的图式去加工处理信息，并在以后的资源提取中由这一图式引导资源对原文进行重建。心理学家皮亚杰也通过实验证明，图式在思维和发明创造中起至关重要的作用，进而推断出人类从婴儿时期开始，就通过认知积累逐渐形成和发展了自己的知识经验结构图式。随着近年来人类在人工智能领域研究的不断深入，人们逐渐发现专家与新手在解决问题中认知结构存在明显差异，因此，图式逐渐被定义为知识的表征结构。

知识主要包括“人”心智表征的事实、观念和概念等，它们的共同点是均由一些基本认知单元组成，这些基本认知单元被称为组块。图式就是在长时记忆中组块有组织地组成知识时使用的具有内在联系的记忆结构，图式形成的过程就是认识主体从类似刺激的多次反应经验中抽取组块并构建记忆结构的过程。从学习的角度来说，图式所描述的知识是由各部分按照一定规律组织起来的有机整体，部分可以描述为子图式，图式之间取得联系也可以组成新图式，如此不断联结就形成了陈述性知识网络，陈述性知识网络是知识在记忆中的存在模式。那么，知识的学习可以表征为给这一网络增加了某一新的图式或组块，或给各信息组块间增加了新的联结，或改变了联结的性质或强度。

因此，长时记忆容量虽然无限，但其贮存并不是对信息的被动接收与保存，而是对信息的积极建构，形成图式。这种图式的构建基于信息在概念上具备一定层次的逻辑关系，这种长时记忆中概念的层次化组织结构有利于提高记忆的效果。但层次化的逻辑关系并非时时存在，当体系的层次不够明显时，知识会仅根据某种逻辑关系被存储在结构不大清晰的网络中，即语义网络，它包含了表征各种概念的节点和彼此相联系的连线。因此，长时记忆中，图式是一种心理网络结构。它表示的不仅是许多具体事物，更重要的是各种知识要素的相互联系和相互作用。由于每个人的知识经验不同，所具有的图式也不同。

图式有利于降低认知负荷的机制来源于以下几个方面：第一，工作记忆的容量是有限的，而长时记忆的容量几乎是无限的。第二，为了获取新知识，外界刺激信息在工作记忆中加工处理时，必须从长时记忆中提取相关的图式到工作记忆中进行操作，然后再以图式的形式存储到长时记忆中。第三，工作记忆在信息加工中面对的对象是组块，图式一旦形成，无论它包含多少子图式或元素，都会被当作一个组块来看待。因此，工作记忆尽管加工组块的数量有限，但在处理的信息量上没有明显限制。第四，积累大量认知经验构建的图式被认为是自动化控制单元，在信息加工过程中无须提取信息资源，无须意识控制，工作速度快。因此，图式的加工不会消耗认知资源，储存也仅需极小空间。

用户与产品界面的交互过程如图 3-13 所示，由图可见，交互过程的每一个阶段都需要用户分配认知资源，如果用户在交互过程中接收到的加工信息数量大于认知资源总量，那么产品就会对用户的认知系统造成压力，即形成认知负荷过载。

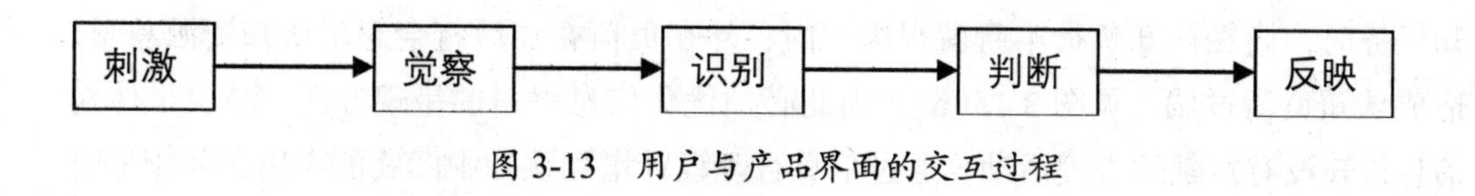

图 3-13 用户与产品界面的交互过程

三、产品交互中认知负荷的分类

在信息加工过程中，由于工作记忆容量有限，这使得人们很难同时加工大量复杂信息，容易加重认知负荷。信息材料本身的复杂性、信息材料的呈现方式对认知负荷的生成影响很大。一般从来源渠道的不同将认知负荷分成三类，即外在认知负荷（Extraneous Cognitive Load, ECL）、内在认知负荷（Intrinsic Cognitive Load，ICL）和关联认知负荷（Germane Cognitive Load, GCL）具体如图 3-14 所示。内在认知负荷与信息量和信息的复杂性有关，在信息要素高度交互以及个体还没掌握合适图式时，会产生内在认知负荷。外在认知负荷也称为无效认知负荷，主要是由信息呈现方式和个体需要的信息加工活动所引起的。关联认知负荷是由信息加工过程中图式的主动构建而引发的，也被称为有效认知负荷。有效认知负荷是指当个体在完成目标任务过程中存在剩余认知资源时，个体会主动将认知资源用到下一步更高级的认知加工中去，提高任务的完成程度。因此，个体这种积极进行高级认知加工（如重组、抽象、比较和推理等）主动进行图式构建的活动虽然会增加认知负荷，却可以大大促进信息的处理。

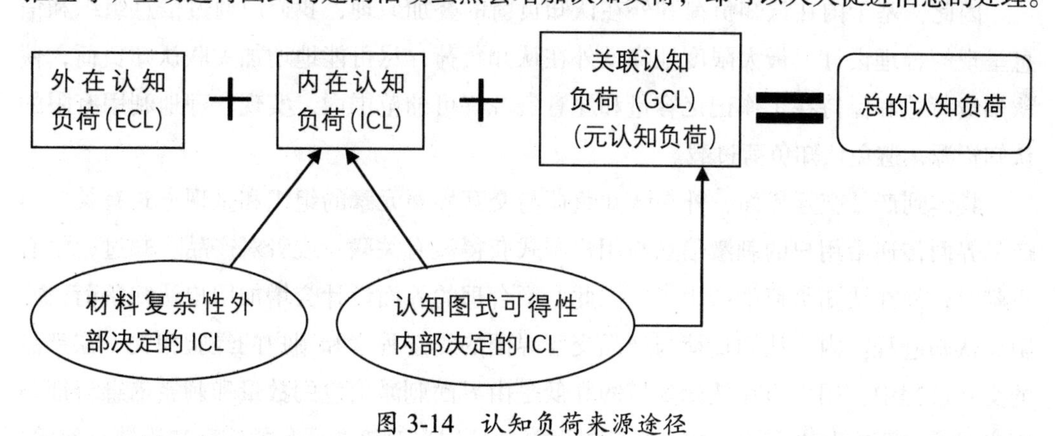

图 3-14 认知负荷来源途径

四、认知负荷控制

内在认知负荷和外在认知负荷是可以相互叠加的，如图 3-15 所示。如果内在认知负荷很低，即便由于刺激信息的不恰当呈现、个体加工信息方式不合理等原因增加信息加工的复杂度，造成外在认知负荷过大，由于内、外在负荷叠加的总负荷没有超过工作记忆的容量，也不会造成认知负荷过载。然而，当面对信息量大或比较复杂的认知任务时，内在认知负荷本身就很大，内、外在负荷叠加后将会超出认知资源总量，造成认知负荷过载，见图 3-15(a)。因此必须优化信息材料的呈现方式，减少个体对信息认知没有贡献的心理活动，通过信息合理设计增加认知中图式的应用，才能尽可能降低外在认知负荷，减少工作记忆认知资源的占有量，防止认知负荷过载，见图 3-15 (b)。在通过信息设计有效降低外在认知负荷的同时，我们可以将更多的认知资源分配给内在认知负荷，用于吸收新知识、构建新图式，也就是在信息加工的过程中产生了与学习活动密切相关的关联认知负荷 [见图 3-15(c)], 这是在合理控制认知负荷总量的前提下增加有效认知负荷，有利于整体信息的加工和处理。

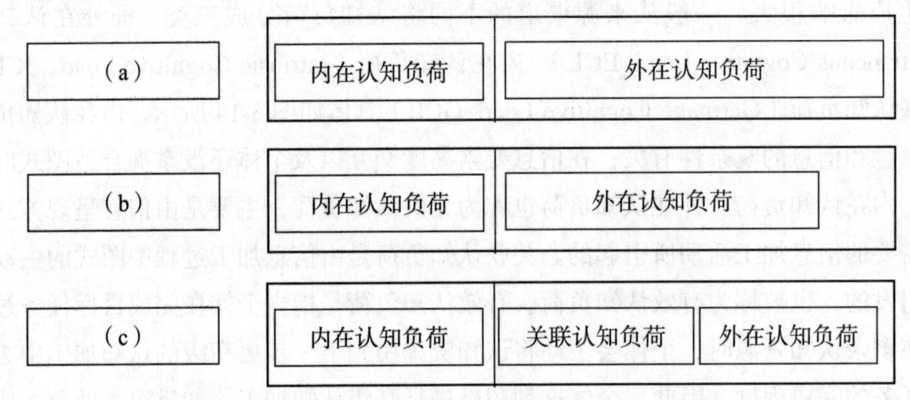

图 3-15　内在认知负荷和外在认知负荷叠加示意

因此，基于内在认知负荷和外在认知负荷的叠加原理，我们应通过信息组织和信息呈现的合理设计，最大限度地降低外在认知负荷，尽可能地增加关联认知负荷，使认知负荷总和保持在工作记忆容量和注意资源许可的范围内，实现合理地利用有限的认知资源，避免认知负荷过载。

具体到产品交互界面，外在认知负荷与交互界面元素的组织和呈现方式有关。当产品界面传递给用户的刺激信息与用户图式获得没有关联，或者对产品认知过程没有贡献时，外在认知负荷就产生了。因此，不合理的界面设计会增加用户认知负荷，并阻碍认知进程。内在认知负荷与产品交互界面的复杂程度和用户的经验相关。在产品的交互过程中，用户内在认知负荷的高低是由界面刺激信息的数量和刺激信息特征与用户图式的匹配度决定的。如果交互界面复杂且用户对该类产品的交互过程缺乏经验，那么要理解产品的交互界面就必须同时注意多个不同组块，从而工作记忆负担加重，进而产生较高的内在认知负荷。反之，内在认知负荷会大幅减少。因此，在界面无法简化的设备类产品的工作过程中，用户需在上岗前经过一定的培训，累积相关的经验和技能；而日用产品的设计，则需尽可能简化界面，减少刺激信息数量，方便新手用户快速学习和积累经验。相关认知负荷是指用户在完成某一交互任务时仍有多余的认知资源，用户会将其用到更进一步、更高级的认知加工中，如重组、比较、推理等。这样的交互过程会增加用户的认知负荷，但这种认知负荷非但不会阻碍用户对产品的认知，反而可以加深用户对产品的理解，促进用户的交互信息处理。

第四章　浅析软件交互界面设计

第一节　人机交互

人机交互（Human-Computer Interaction）是研究人、计算机以及它们之间相互关系的技术，人机交互研究的目的是有效地完成人与机器之间的信息传递，它是人与计算机之间各种功能和行为的双向信息传递。这里的交互泛指一种沟通，即用户与计算机之间的信息识别过程。这个过程可由用户向计算机输入信息，也可由计算机向用户反馈信息。这种信息沟通的形式可以采用各种方式呈现，如键盘上的击键，鼠标的移动，显示屏幕上的视觉、听觉、触觉元素等。

人机交互界面是人机交互过程中信息传递的现实载体。人机交互的研究包括人的特性的研究、机器特性的研究、人—机关系的研究、人—环境关系的研究、机—环境关系的研究以及人—机—环境系统总体性能的研究等。图 4-1 为人机交互的概念图。

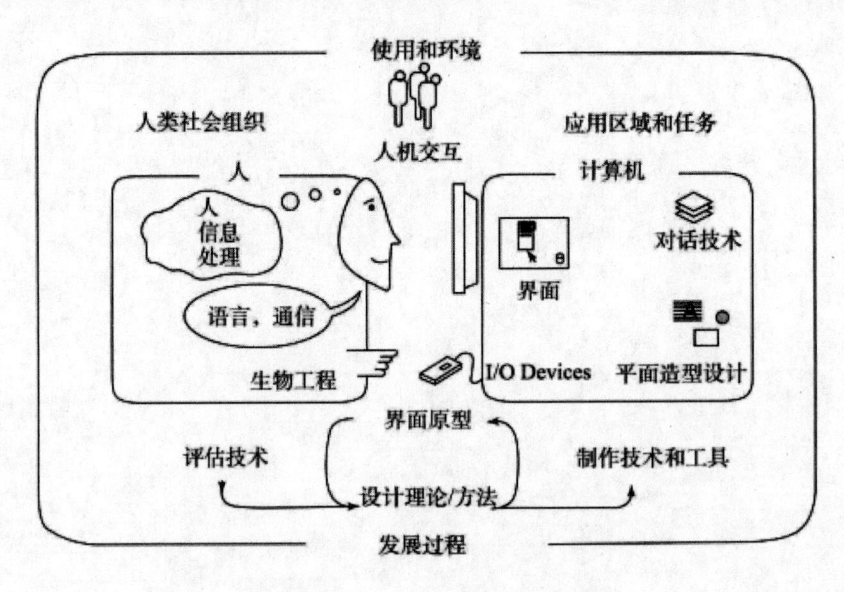

图 4-1　人机交互的概念图

Dan R.Olsen（丹·R·奥尔森）曾指出，人机交互是未来的计算机科学之一。我们已经花费了至少 50 年的时间来学习如何制造计算机以及如何编写计算机程序。下一个新领域自然是让计算机服务并适应于人类的需要，而不是强迫人类去适应计算机。总的来说，人机交互本质上是认知过程，人机交互理论以认知科学为理论基础。

第二节　人机交互理论的代表

在人机交互的发展过程中，有很多杰出的代表人物，产生了很多相关方面的研究成果，并促进了人机交互设计研究的发展，为后来的交互设计奠定了基础。表 4-1 是具有代表性的人物与相关的研究成果。

表 4-1 人机交互理论的代表及研究成果

代表人物	相关研究成果
Vannevar Bush	他构思了 Memex 设备，这种设备是最早的人机交互技术的代表。它能够存储所有记录、文章和通信，它的内存巨大，能够按索引、关键词相互参照获取信息，能够通过相互连接进行管理。Bush 提出的这种计算机交互设备增强了人类智力的概念，从而打破了计算机当时的应用领域。
Douglas C. Engelbart	他对于人机交互技术的突出贡献是于 1964 年发明鼠标。他还创建了其他一些重要系统，如层次超文本、多媒体、高解析度显示、窗口、文件共享、电子信息、CSCW、远程会议等。
Stuart K.Caed	他对计算机输入设备进行了深入研究，并提出了有关鼠标移动定位的定理 Fitt' s Law，为鼠标的商业化应用奠定了基础。他和他的研究小组提出了一系列的有关人机交互的理论，包括人类处理模型（Model Human Processor）、人机交互的 GOMS 理论、信息搜索理论（Information Foraging Theory）等。并提出了不少人机交互新理论，如交互工作空间管理（Rooms Workspace Manager）和信息可视化（the Information Visualizer）。
Ben Shneiderman	他撰写了《软件心理学：计算机和信息系统中的人类要素》（*Soft Psychology: Human Factors in Computer and Information Systems*），并在该书中发明了直接操作概念（DM：direct manipulation），还在 1983 年首先设计了选中条目点击转到另一页的方法。
Donald A.Norman	他是认知科学的开拓者之一。他发展了 HCI 的应用科学，涉及认知学、工程和设计。他在 HCI 方面做出了大量创造性的成就。他在自己撰写的《设计心理学》（*Design of Everyday Things*）一书中提出的以人为中心的设计（Human—Centered Design）概念突破了人机交互的狭窄领域，为大众所接受。
John M.Carroll	他是人机交互理论的先驱者、领导者，他的研究工作涉及哲学、认知科学、社会学、系统科学和设计理论，在理论和实践方面进行了创造性的结合。他的突出贡献是提出基于情景的设计（Scenario—based Design）理论。
Tom Moran	他是早期同 Allen Newell 和 Stuart Card 共同在人机交互理论方面进行研究的学者，论著有《人机交互心理学》（*The Psychology of Human-Computer Interaction*）。他们的理论包括人的信息处理模型（Model Human Processor）和 GOMS 模型等，对人机交互研究产生了巨大影响。20 世纪 70 年代 Tom 同设计人员一道为 Xerox Star 创立了设计方法，这是世界上第一个桌面隐喻系统。
Ivan Sutherland	他在 1963 年开发了一个称为 Sketchpad 的系统，包括了图形化人机界面的光辉思想。
Alan C.Kay	他在 1977 年提出为个人服务的直接操作界面"Dynabook"，这也是现代笔记本电脑原型，他还在施乐公司帕洛阿尔托研究中心（PARC）成功地开发出了面向对象的编程语言"Smalltalk"。
Mark Weiser	他提出了无处不在的计算。无处不在的计算描述了具有丰富计算资源和通信能力的人和环境之间关系的场景，在需要的任何时间和地点都可以提供信息和服务，这个环境与人们逐渐地融合在一起。它把计算机嵌入各种类型的设备中，建立一个将计算和通信融入人类生活空间的交互环境，从而极大地提高个人的工作以及与他人合作的效率。同时它提出了一种消逝的人机交互，充分利用人体丰富多彩的感知器官和动作能力，以及人们与日常物理世界打交道时所形成的自然交互技能来获得计算机提供的服务。

第三节　人机交互界面

一、界面的概念

《高级汉语大词典》中对于界面的定义:“界”指的是界分、界限、范围、界说、境域、境界、毗邻、毗连、接界、界边、划分、界破、离间、隔开;“界面”指的是两物体之间的接触面。

《现代英汉词典》中对于界面的定义:“界面”指的是分界面,即两个功能部件之间的一种共享界面。它是在一定的条件下,根据功能特性、公共的物理连接特性、信号特性以及其他特性来定义。“界面”是结合部位、边缘区域,即能够使两个系统之间相互运行的一种设备或装置。

《设计辞典》中对于界面的定义:“界面”是对两种不同物体间信息交流的手段,界面设计是交流过程的整体设计,是系统地优化人际互动关系的过程,以尽量简化人的操作、提高人机交流效率为目的,亦称用户界面设计。

二、界面的发展

(一)口传界面阶段

自然社会经济条件下,由于生产力低下,社会分工不明确,人类一切生产造物活动的目的是寻求生命与种族的延续。原始的生产力建立在个人劳动实践与经验积累的基础上,人们依靠五官的体验来认识世界、积累经验知识,这就产生了最为直接的、面对面的在场交流的形式和语境。这种建立在人际关系基础上的“界面”使得交流过程双向互动,同时,传统的权威得以维持。由此可以推断那时所谓“界面”的表达内容和形式是多介质与全方位的:语言、手势、表情,乃至更多更丰富的肢体语言。这些手段的有效应用,不仅使符号的传播得到了互应,而且能确保信息交流达到顺畅的正反馈效应。但同时这种界面交流受到时间与空间的限制,其历时性效率大大降低。图 4-2 显示了口传界面阶段的信息交互情况。

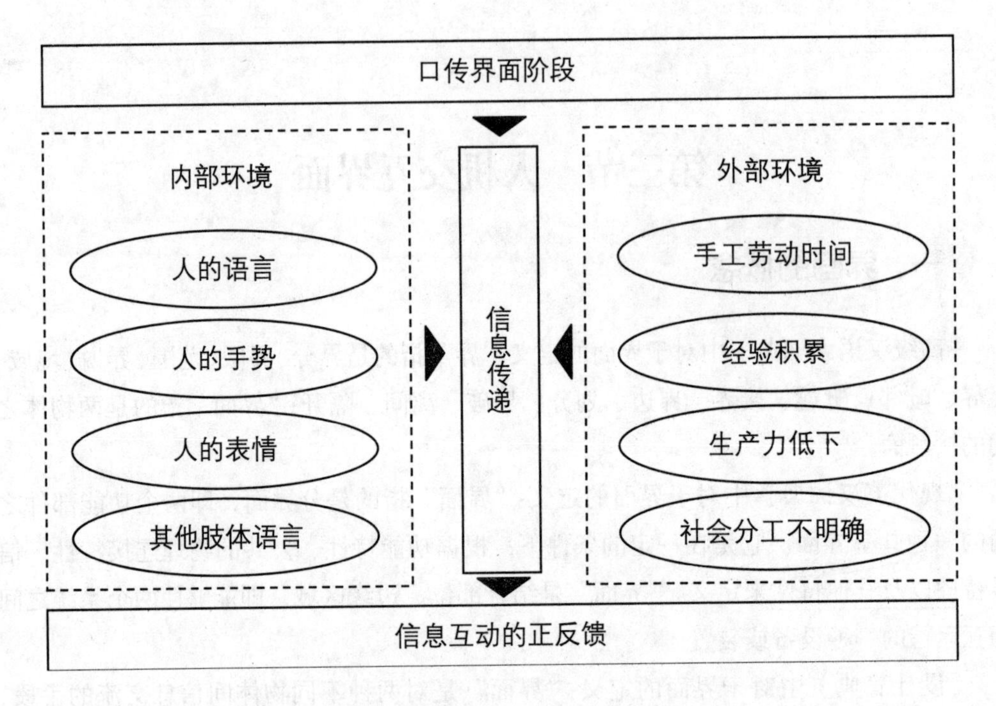

图 4-2　口传界面阶段的信息交互

(二)印刷界面阶段

随着文字系统的完善以及印刷术的发明，人类可以将信息进行高效率的复制，这也是社会分工影响的结果。社会分工使生产力得到一定的解放，社会中的一些行业需要建立有历时性的信息传播渠道以确保经验知识得以有效流传。不同国家的建立使不同利益阶级的矛盾冲突加剧，信息的传播需要在疆土范围内进行空间的跨越。印刷文化阶段，信息不再依赖于在场，它可以存储在可移动的媒介（印刷物）中，使得不在场交流成为可能，也随之产生了我们今天所说的“广义人机界面”。同时，人与人交流的手段在从某种意义上受到限制。因此这一阶段的界面设计在实现了空间与时间跨越的同时，也带来了社会互动中信息解码的损失。图 4-3 显示了印刷界面阶段的信息交互情况。

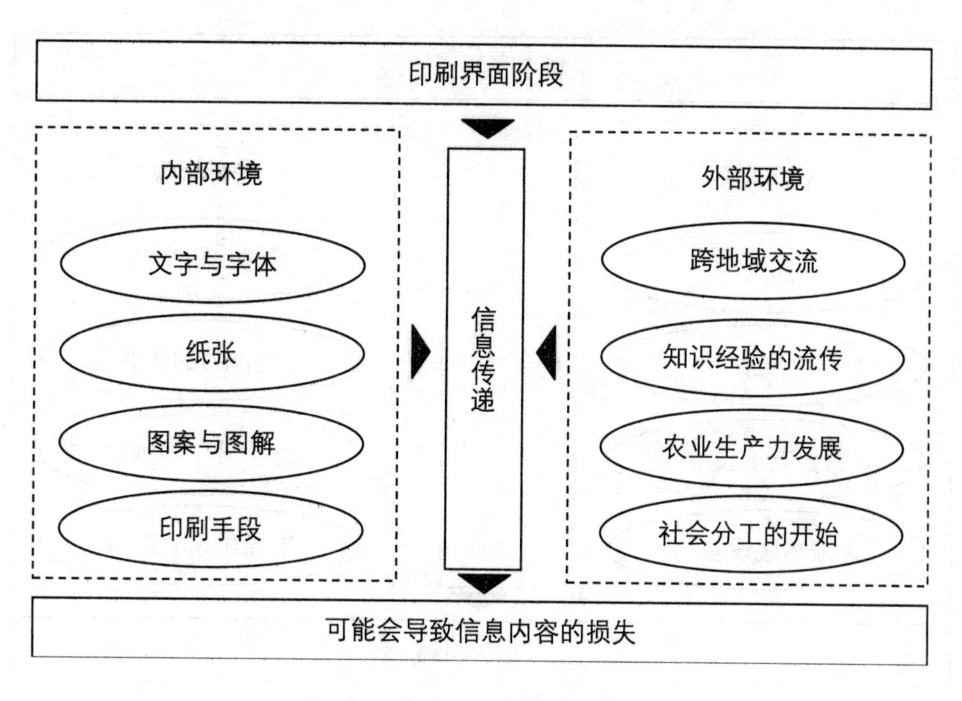

图 4-3　印刷界面阶段的信息交互

（三）机械电子界面阶段

新能源的发现解放了人类的体能，极大地提高了社会生产力。同时，在科学理性的指引下，所有领域都进行着纵向深化，这时机械电子界面出现了。在这个到处充满着技术、机械、产品的社会中，人类如何与机器实现有效的交流，如何控制与使用机器为自身的生产生活服务，成为设计师研究的中心。由于机器的使用者与设计者不在同一个时空里，操纵机械者在使用机器的“阅读”活动中较之与设计者面对面交流，更带有改写原文本的倾向。所以我们说，人机界面设计的实质是实现产品使用者与产品设计师之间的适时现场交流，即使用者能充分理解设计师对于信息的可视化传达。这种以信息视觉化为特征的界面要求人机交互界面的设计实现双向互动。这使我们认识到：无论多先进的设备，都必须与用户的使用操作行为达成互动适应，这样才能达到使用的目的。这也推动了设计领域中关于语义学的研究，设计师试图通过对人机交互界面中信息可视化符号的研究，探寻一种人与机器有效互动的交流途径。图 4-4 显示了机械电子界面阶段的信息交互情况。

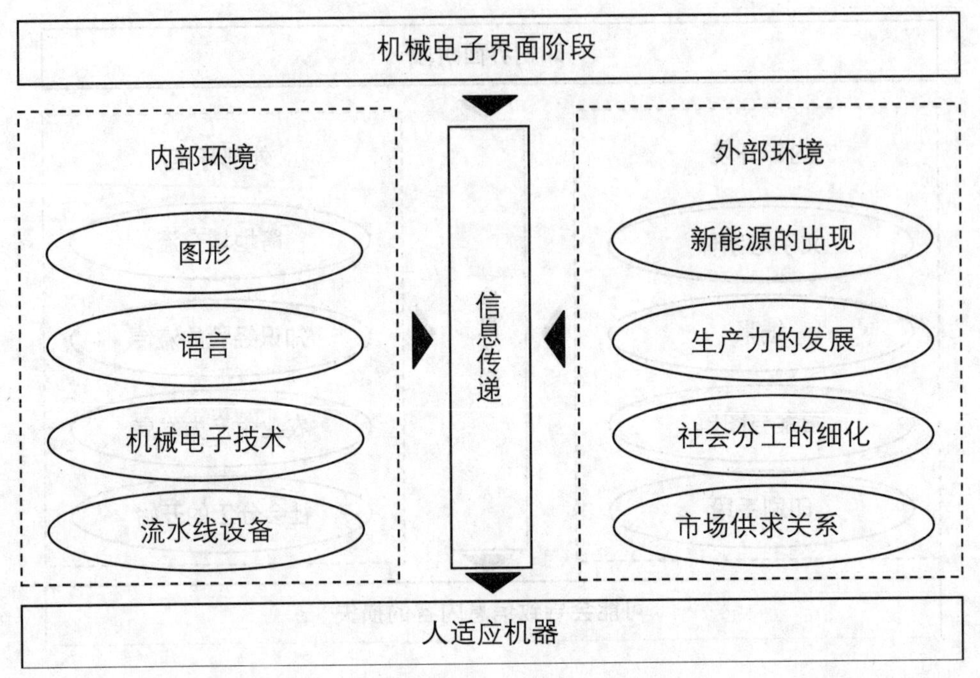

图 4-4　机械电子界面阶段的信息交互

（四）比特界面阶段

今天，伴随着个人计算机的普及应用，虚拟化的信息技术带动了人类智力的解放。系统化促进了整个人类社会从无序走向有序。我们生产、生活的实践经验，已经脱离了物质化的层面，进入虚拟的比特网络空间。人们正习惯于网络聊天、网上购物、移动办公等全新的生活方式。通过一个非物质化的网络世界，人类实现了一次空前的革命。在这个比特文化阶段，时空分离的生存方式是完全符合逻辑的。一方面，这有利于加速信息的传播速度、拓展信息的传播领域；另一方面，在实现不在场交流的过程中，作为信息的唯一中介物，虚拟化的网络界面扮演着举足轻重的角色。我们说，这种非物质化界面的显著特征就是实现面对面交流时的信息传达和接收的正反馈效果，才能将社会带入有序化发展的轨道。计算机技术的迅速发展，引起了软件人机界面的发展，从而导致计算机应用领域的迅速膨胀，以至于今天，计算机和信息技术的触角已经深入现代社会的每一个角落。相应地，计算机用户已经从少数专业人士发展成为一支由各行各业用户组成的庞大用户群。图 4-5 显示了比特界面阶段的信息交互情况。

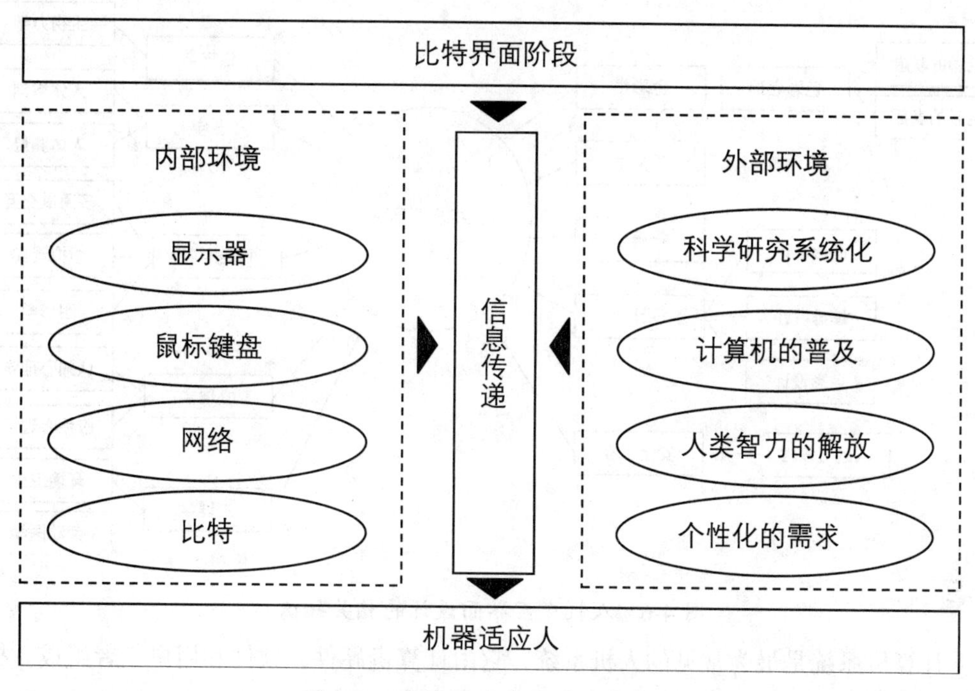

图 4-5　比特界面阶段的信息交互

三、人机交互界面

人机交互界面作为人与机器进行交互的媒介，是人机交互过程中的关键组成部分，信息是如何通过界面传送到机器当中，用户又是如何从界面中获取反馈的可用信息都是界面所担负的重要任务。人机交互界面的概念提供了一种有效的方式解决人的信息需求。人机界面设计的研究涉及人体工程学、认知心理学、生理学、计算机科学、符号学、语义学、色彩学、设计学、图形学等多学科领域。图 4-6 为人机交互界面设计的相关知识。

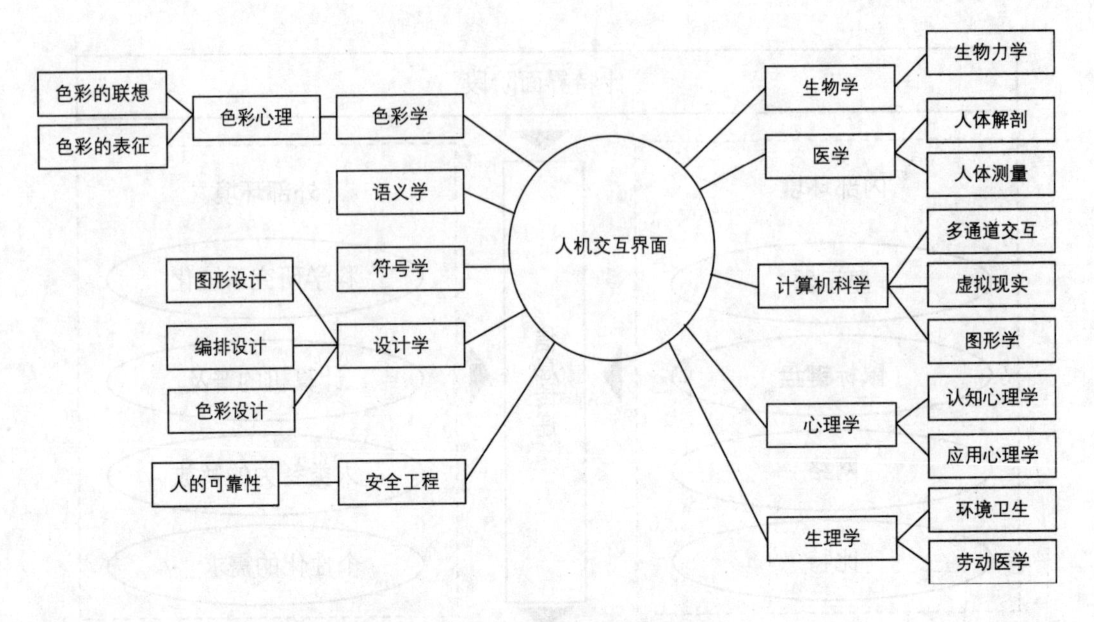

图 4-6　人机交互界面设计的相关知识

计算机系统是最为常见的人机系统，它由计算机硬件、软件和用户三者组成。按通常的理解，用户与硬件、软件的交叉部分即构成计算机系统中的人机界面（又称用户界面）。如何使基于计算机的人机交互系统的设计更加有效、可用，关键是要使人机交互界面适应用户的特性，从而使用户工作得更舒适、更健康、更满意，使用户对信息的认知更便捷、更有效，这就是人们对现代人机交互界面设计的要求之一。作为人机交互的通常形式——人在操作计算机时主要是通过人机交互界面来获取信息的，这种交互状态如图 4-7 所示。

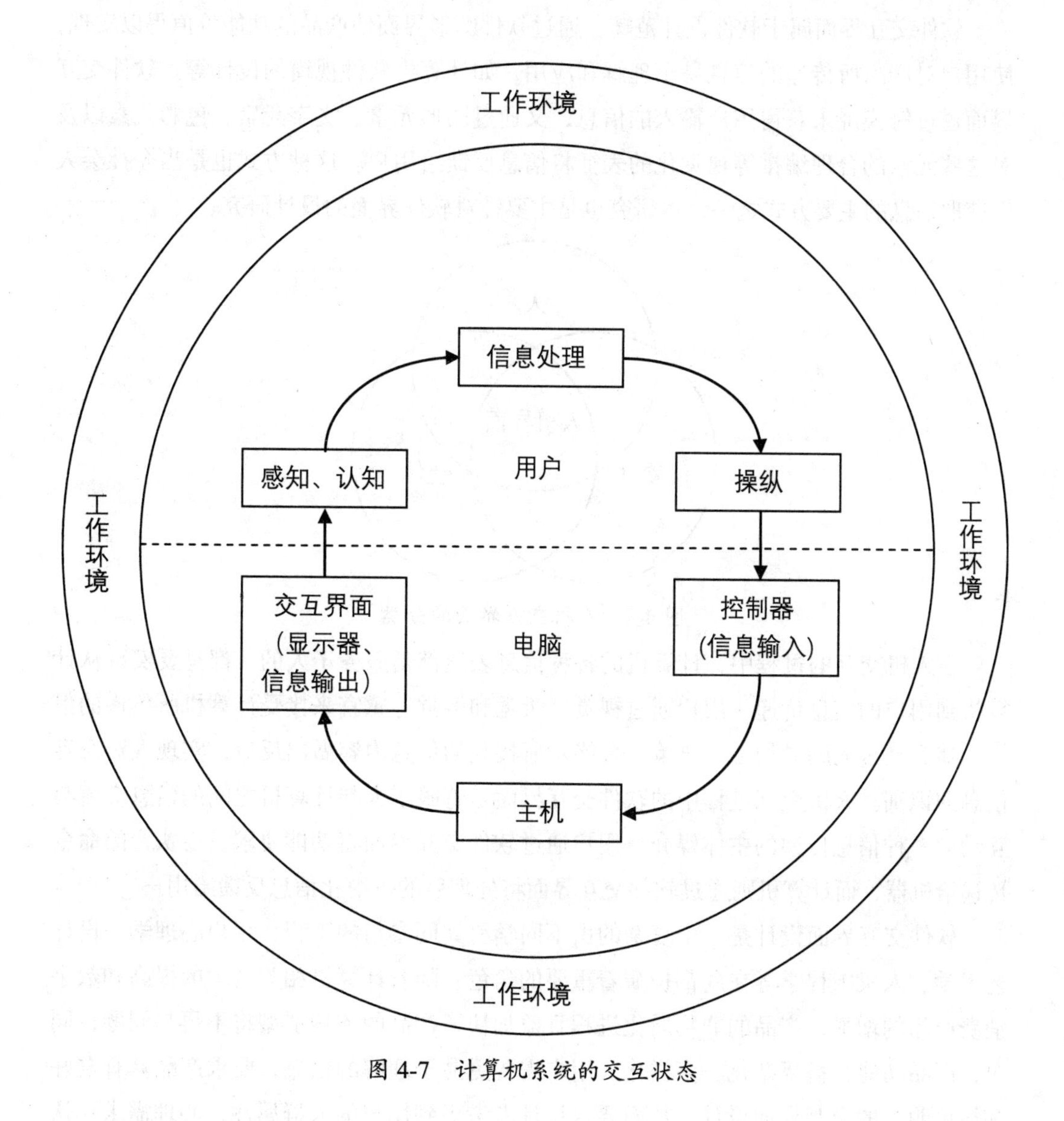

图 4-7　计算机系统的交互状态

四、软件交互界面

人机交互界面可广义地分为硬件交互界面和软件交互界面，硬件界面与软件界面都可以帮助来完成信息的输入输出。硬件界面属于硬件设计范畴，即产品的硬件与用户身体直接接触部分的设计，这就是传统意义上的产品外形设计，如机器控制面板的造型与布局设计。硬件界面通过鼠标、键盘等输入设备将外界信息输入计算机，可以通过触觉振动控制器或音响等设备将处理后的信息输出给用户。人机交互界面的分类如图 4-8 所示。

软件交互界面属于软件设计范畴，通过软件图形界面使产品的功能价值得以实现，使用户对产品所传递的信息易于理解和应用，如计算机软件视窗的设计等。软件交互界面通过触摸屏来获得用户输入的信息，又通过图形元素、文字元素、色彩元素以及对这些元素的合理编排等视觉化的表征将信息反馈给用户。这种方式也是当今社会人们获取信息的主要方式之一，本研究也是主要针对软件界面的设计研究。

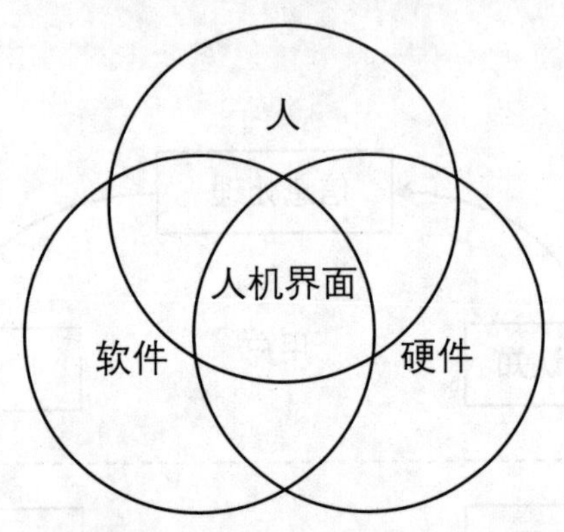

图 4-8　人机交互界面的分类

在人机交互的过程中，计算机的各种信息表达都是服务于人的，都是要实现从计算机到用户的信息传递。用户通过视觉、听觉和触觉等感官来接受计算机所传递的信息，随后经过大脑的加工、决策，最终对所接收的信息内容做出反应，实现人对交互信息的识别。人机交互过程中的软件交互界面是着眼于人与计算机之间的信息交流与互动的一种信息传递的主体媒介。用户通过软件交互界面将功能要求、要执行的命令传递给机器，而计算机则通过软件交互界面将处理后的可视化信息反馈给用户。

软件交互界面设计是一个复杂的由不同学科共同参与的工程，用户心理学、设计艺术学、人机工程学等在此都扮演着重要的角色。随着计算机相关技术的提高和数字消费产品的增加，产品的非物质化进程日益加快，产品的体积造型将不再是问题；同时，产品功能日益复杂化、多样化。用户需要更易于理解的信息，要求产品具有友好和简单明了的交互界面设计，从而要求设计者考虑到用户的人群属性、心理需求、认知水平和文化背景等相关属性，传统的"产品设计"将从造型设计更多地转向软件交互界面设计。它具有以下特点：①典型的人机互动性。即设计与用户紧密相关，用户的反馈是设计的重要组成部分。②手段的多样性。人类计算机能力的加强将带来交互方式的革命性发展，从平面到立体、从键盘到语言、从真实到虚拟，信息的多样化应用将创造新的生活。③紧密的技术相关性。新产品的出现会刺激新的软件交互界面产生，所以界面设计随着新技术的发展不断完善自身。从设计角度而言，软件交互界面设计可以理解为工业设计与视觉传达设计之间的交叉性学科。

（一）软件交互界面设计的相关因素

1. 人与软件交互界面设计

软件交互界面设计过程中的人即用户，界面的使用者，是设计软件交互界面时的目标使用对象。任何交互系统中所讨论的中心角色都是人，而人处理信息的能力是受到限制的，因此，在设计中应最优先考虑用户的需求。人在交互过程中的研究主要分为以下几大部分：感知系统，处理来自外部世界的感官刺激；运动神经系统，控制人的动作；认知系统，提供必要的处理来连接前两个子系统。但人还受诸如社会、文化、知识结构和组织环境等外部因素的影响，所以在设计时也应考虑这些问题。

2. 信息与软件交互界面设计

软件交互界面是实现人与计算机之间传递和交换信息的平台与媒介。其交互过程的工作流程是：软件交互界面为用户提供直观的、感性的信息刺激，支持用户运用知识、经验、感知和思维等过程获取和识别界面交互信息。计算机分析和处理所接收的用户信息，通过软件交互界面向用户反馈相应的、可用的信息或运行结果。任何有效的人机交互功能的完成，常常由四个基本功能组成和实现，它们是信息存储功能、信息接收功能、信息处理和决策功能以及执行功能。信息存储功能与其他三项功能都有联系，因此列在其他三项功能之上。人机交互过程中的信息处理如图 4-9 所示。

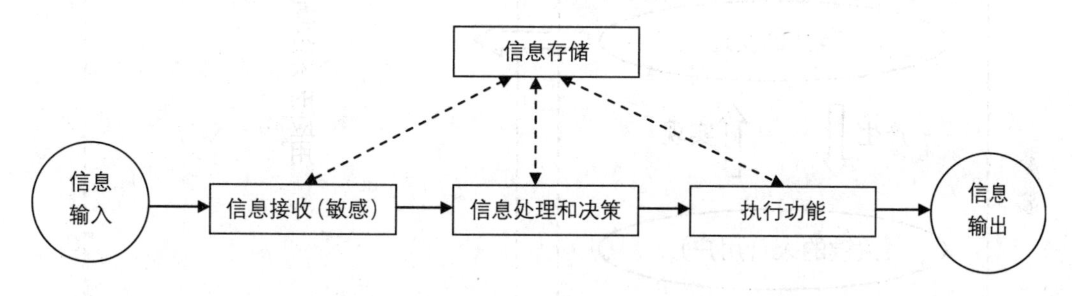

图 4-9　人机交互过程中的信息处理

信息接收过程中的信息有的来自系统外部，有的来源于系统内部，如具有反馈特性的信息或是系统中存储的信息。用户的信息接收是通过各种感知方式来实现的，如视觉感知、听觉感知和触觉感知。信息存储过程中大多数的存储信息都是通过视觉化元素，如编码、符号、图形等形式来表现的。信息的处理和决策包括用接收的信息和储存的信息来完成各种交互方式。执行功能一般是由信息处理和决策所产生的动作和行为。

3. 计算机与软件交互界面设计

软件交互界面，即人与计算机之间相互作用的软件界面系统，已成为计算机科学发展必不可少的重要组成部分。软件交互界面是联系人与计算机软件系统的桥梁与纽带，要使人更有效地利用软件交互界面获取所需信息，离不开计算机技术的支持和帮助。

计算机作为人机交互过程的重要组成部分，是人类信息交互的主要工具，掌握计算机知识已成为现代人类文化不可缺少的重要组成部分，基于计算机的人机交互技能则是人们工作和生活必不可少的基本手段。人机交互技术的发展是跟随着计算机技术的发展而发展的，每一个计算机发展时期都有着相应的人机交互新技术、新产品的出现。

基于计算机技术发展的人机交互技术演化的过程是：计算机技术的革新导致某种占主导地位的理论框架或科学世界观的改变（以下简称范式的改变），而范式的改变又产生了相应的应用人群（以下简称用户），这些用户又反过来实现范式的新的改变，从而促进了计算机技术的发展。在这个演变过程中范式的变革指导并促进了人机交互技术的发展。（如图 4-10）

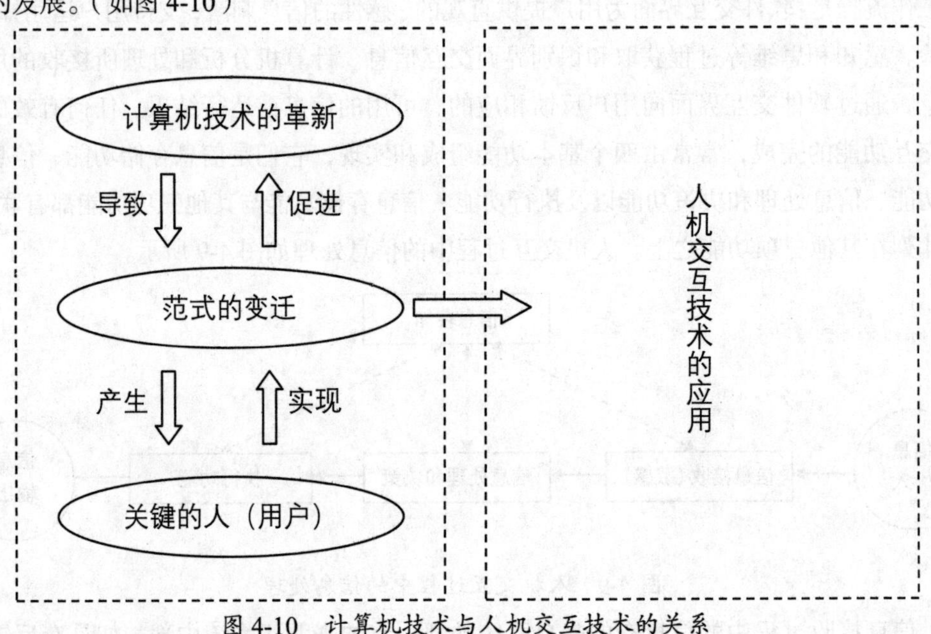

图 4-10　计算机技术与人机交互技术的关系

（二）软件交互界面设计与相关学科理论

1. 人机工程学与软件交互界面设计

软件交互界面设计过程中的人机工程学主要研究交互界面设计中与用户身体有关的问题。用户的体形特征参数、用户的感知特性、用户的反应特性、用户的心理特性（特别是用户的认知能力）、用户的生活习性和经验以及用户的情感等。在软件交互界面设计中，研究人体尺寸可以解决用户进行交互行为的合理性和身体的舒适性；研究人体感知可以解决用户信息感知的合理性与舒适性；研究人的心理特征，可以使用户在使用过程中高效地完成交互行为，有效地接收和识别界面信息，并使用户在健康的环境中进行信息交互。对人体特性的全面研究，可以合理地指导软件交互界面设计中信息表达和交互方式的运用，使软件交互界面达到最优的交互状态。

2. 认知心理学与软件交互界面设计

在软件交互界面设计过程中，要考虑人与计算机之间存在的信息的传递与反馈、行为的输出与实现的关系，为了使信息的传递更加快捷、精确，行为的实现达到高效、准确，就要研究界面设计中的信息交互和行为交互，而要实现这些，在研究中必须考虑到交互过程中用户的认知心理问题。认知心理学就是信息加工心理学，为了提高人机交互的水平，增强用户与计算机之间的沟通，必须对使用软件交互界面进行信息交互的人有较为清楚的认识，也就是说首先要对人的心理有所了解。在设计过程中，设计师既要了解人的感觉器官是如何接收信息的，也要了解人是怎样理解和处理信息的，以及学习记忆有哪些过程、认识是如何进行推理的，等等。这样才能使软件交互界面设计适应于人的自然特性，使交互界面满足用户的需求。通过对用户认知心理的研究，可以很好地考虑用户的感性和理性成分，解决用户与计算机的自然交流问题，防止交互过程中出错，使交互界面更友好、更和谐、更有效、更可用。

3. 设计美学与软件交互界面设计

软件交互界面设计过程中设计美学的研究主要是从设计的构成法则和形式美的内容两个方面进行研究。曾经有设计研究者提出："用'美'和'技术'两方面衡量生活的合理性，即所谓'现代化'是设计振兴的中心课题。"而这个思想后来常被人们用来诠释设计这门新兴学科的内涵。"美"与"技术"这两个要素的结合，正是设计研究的中心内容。特别是信息时代，软件交互界面的设计已经超越了形式与功能的关系。软件交互界面设计是沟通用户与计算机的重要媒介，设计美学的知识在界面设计过程中应该发挥其重要的作用。交互设计师应该通过设计美学原理为新技术及交互信息赋予一层更深刻的内涵，利用艺术设计的手法消除用户对软件交互界面的应用和信息认知的障碍，并通过设计美学在软件交互界面设计中的充分体现，满足用户的审美需求，从而使其对交互信息的识别更加快捷、便利和有效。

4. 符号学与软件交互界面设计

所谓符号，就是对感性材料的抽象并将之概括为某种普遍的形式。瑞士语言学家索绪尔认为语言是一种结构性的社会制度和价值系统，是一种历史的约定俗成。人们如果想进行信息交流就必须遵守它。语言由一定数量的符号要素构成，其中每一个符号的价值意义都是通过与其他构成符号相比较来获得的。符号是负载和传递信息的中介，是认识事物的一种简化手段，表现为有意义的代码和代码系统。软件交互界面设计中的符号作为一种非语言符号与语言符号有许多共性，使得符号学对软件交互界面设计也有实际的指导作用。通常来讲，可以把软件交互界面设计中的信息元素看作符号，通过对这些元素的加工与整合，实现传情达意的目的。交互设计师应在软件交互界面设计中运用符号学原理，探讨符号设计与信息视觉化设计的关系，并根据符号具有的认知性、普遍性、约束性和独特性来帮助交互设计师更好地处理人机交互过程中人与计算机之间的信息传递关系。

5. 色彩学与软件交互界面设计

在自然世界中，色彩是一种概念，是一种信息表征的客观现象的存在。人们对色彩的理解是：由于光的作用及各种物体因吸收光和反射光量的程度的不同所呈现的现象。这些色彩现象是通过人的视觉感知来识别的。色彩是人类生活的一个重要信息表征的元素，在信息社会中扮演着重要的角色，因为在人类信息沟通、人机交互的过程中，色彩非常容易带有政治、文化、宗教、情感等信息所要表达的含义。在软件交互界面设计过程中，用户对于界面信息的识别，色彩是第一信息刺激，交互界面信息的接收者对色彩的感知和反应是最敏感和最强烈的。在软件交互界面设计过程中如何运用色彩学原理来处理信息内容是交互界面设计成败的关键之一。因此，在软件交互界面设计过程中，研究和探索色彩的运用，不仅仅要学习色彩的基本知识、色彩的应用原理，更要认识和掌握色彩学的相关理念，充分发挥色彩在软件交互界面信息表达设计中的作用和功能。

6. 人类关系学与软件交互界面设计

在软件交互界面设计过程中，人类关系学主要涉及交互系统对社会结构影响的研究，即人机交互决定人际关系；而人类关系学还涉及交互系统中的用户群体的信息交互活动的研究。这使得软件交互界面设计需要研究用户的文化特点、知识结构、审美情趣以及用户的习惯、经验等。在现今的信息爆炸时代，在软件交互界面设计过程中，用户的人文因素越来越受到重视，对软件交互界面设计的影响也越来越大。设计师必须充分意识到这一点，将其有效地结合到软件交互界面的设计中去。

第五章　交互界面设计的人因分析及设计对策

交互界面设计中最根本的设计要求就是要了解信息交互过程的主体——人，即用户，只有这样才能实现交互界面的最终目标。在界面设计生命周期的最初阶段，设计的策略应当以用户的需求为基本动机和最终目的。在其后的界面设计和开发过程中，应当把对用户的研究和理解作为各种设计决策的依据；同时，在界面设计各个阶段的评估原则也应当来源于用户的需求反馈。所以，对作为用户的人的研究与分析是整个交互界面设计和评估体系的核心。

第一节　以用户为中心的设计基础

以用户为中心的交互界面设计基础的结构示意如图 5-1 所示。

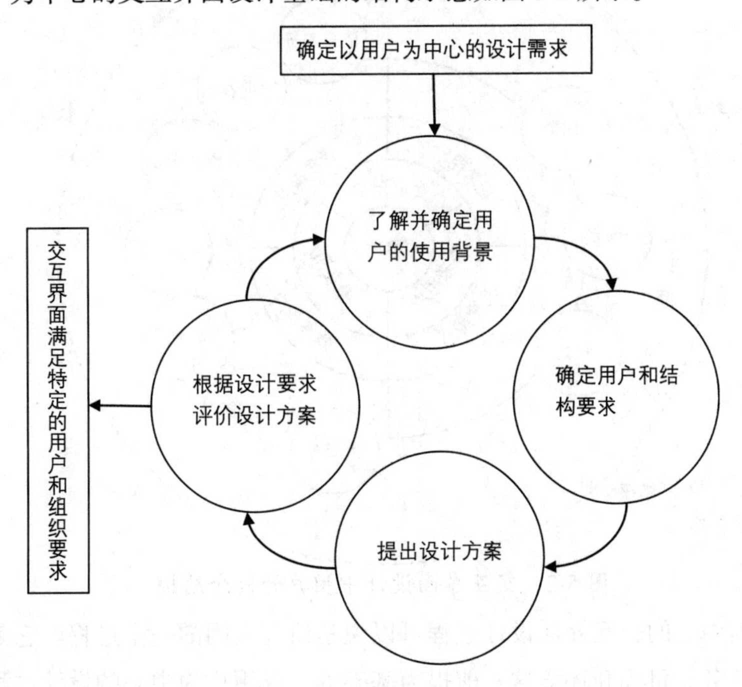

图 5-1　以用户为中心的交互界面设计基础的结构示意

一、用户的含义

以用户为中心的设计（User-Centered Design，UCD）的最基本思想就是将用户时时刻刻放在所有界面设计阶段的首位。以用户为中心的设计是由位于美国加州大学圣地亚哥分校的唐纳德·诺曼的研究实验室首创的。以用户为中心的设计目的是开发一个基础的设计框架，使得交互设计师能够建立更加实用的界面设计系统。

简单地说，交互界面中的用户是指使用界面进行信息交互的人。从这个定义中可以看出，用户的概念可以包含两层意思：一是指用户是人的一部分。用户具有人的共同特性，用户会在信息交互过程中的各个方面反映出这些特性。人的信息交互行为不仅受到视觉、听觉、触觉等感知能力，分析和解决问题的能力，记忆力以及对信息刺激的反应能力等人类本身具有的基本能力的影响；同时，人的信息交互行为还时刻受到自身心理和性格取向、社会和文化环境、所受教育程度以及以往经历等因素的制约。二是指用户是交互界面的使用者。以用户为中心的交互界面设计所研究的是与交互过程相关的所有群体。他们可能是交互界面的当前使用者，也可能是未来即将使用的用户，甚至是潜在可能使用的用户。图 5-2 是界面用户概念的结构示意图。

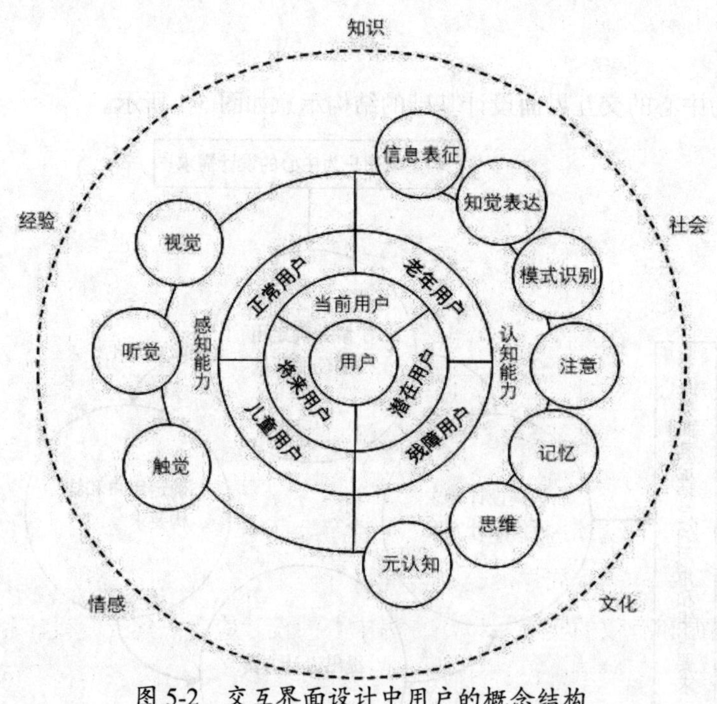

图 5-2　交互界面设计中用户的概念结构

以用户为中心的交互界面设计过程可以说是研究人因的一个过程。它是以设计来源于用户的任务、目标和环境这一前提为基础的。以用户为中心的设计过程侧重于以人为本，比如上面所提到的人的认知、感知和物理属性，以及用户的条件与环境。因此，以用户为中心的设计过程所关注的重点是获得对信息交互过程中的人的全面分析与了解。

二、以用户为中心的设计意义

以用户为中心的交互界面设计是一种特别着重于可用性的界面设计与开发的方法，是一种涵盖了人因工程学知识与技术的多学科研究。以用户为中心的交互界面设计可以帮助用户提高工作的有效性和效率，并改善工作条件，减少在交互使用过程中可能对用户心理、生理所产生的不良影响。以用户为中心的交互界面设计需要考虑用户的信息感知与认知能力以及对信息的需求。

以用户为中心的交互界面设计应该能够有效支持用户的信息获取并激发用户进行学习。交互设计师应该将以用户为中心的设计理念贯穿于交互界面系统开发的整个生命周期，这样可以使交互界面的设计研发实现以下基本目标：

（1）更易于用户理解和使用，并因此减少培训和支持的费用；

（2）增进用户满意度，减少用户的不适和紧张感；

（3）提高用户对信息识别与理解的效率；

（4）提高交互界面的质量，吸引用户使用，增强产品竞争优势。

三、以用户为中心的设计过程

以用户为中心的设计理念应该结合到整个交互界面设计与开发的过程中，这个过程包括：分析和了解用户的使用背景、确定用户的信息需求、组织设计实施，以及根据用户的需求评估和完善设计；整合以用户为中心的设计理念与其他设计活动的关系；明确以用户为中心的设计过程中个体或组织以及他们能够提供的支持范围；在以用户为中心的设计过程影响其他设计活动时，及时建立反馈和沟通的有效机制与方法；将反馈和可能的设计及时更改并纳入整个交互界面设计进度的合适阶段。

以用户为中心的设计过程是整个交互界面设计与开发的重要组成部分，它应与其他关键设计活动一样满足同样的交互界面设计要求，从而确保以用户为中心的设计原则始终得到遵循和有效的实施。以用户为中心的设计应考虑到反复设计和对用户反馈意见的及时采纳，还要考虑设计团队成员之间的有效沟通，以及对潜在问题的协调和权衡。总的来说，以用户为中心的设计理念是一种可行的、有效的交互界面设计的基础保证。

四、以用户为中心的设计方法及特点

（一）用户参与

在交互界面设计过程中，用户应当充分地参与设计的全过程，特别是用户成为设计团队的一部分时，他们会不断地与设计师进行沟通，并且在设计过程中被请教、咨询，从而为界面的设计提供第一手的设计依据。设计团队应该经常请不同的用户来参与设计过程，从而达到真正的、广泛的、全面的用户参与的目的。

（二）用户调查

用户调查可分为访谈调查和问卷调查两种。访谈调查是通过组织各种利益相关者的结构化访谈方式来获得用户对界面设计的意见和态度。访谈对象应尽可能选择不同类型的用户进行交流，并观察他们之间的相互联系。问卷调查是通过发放问卷和用户填写问卷的形式，从地理位置上分散的大量用户群体那里获得广泛的对界面设计的信息反馈。这样可以充分获得用户的意见，但因为设计师没有直接接触用户，因此问卷内容的制定应该清楚并有直观的度量方法，以此确保反馈信息的有效性。

（三）专家评估

专家评估是通过邀请交互界面设计研究领域的相关学科专家，根据界面设计基础理论所支持的原则和要求，并加之亲身的体验所形成的对界面设计的意见与建议，从而指出交互界面设计存在的问题并给以具有可行性的参考意见。

（四）测试评估

交互界面设计的测试评估是一个结构化过程，用于研究客观参与者通过交互界面进行信息交互时的相互影响。这类测试通常关注的是界面设计的某些特定方面，以便发现和理解设计中存在的问题。测试评估基于明确的、预定的界面设计准则，既可用来评估一个交互界面设计，也可用来探讨一个交互界面设计，从而揭示出一些新的、先前没有考虑到的问题。

五、以用户为中心的设计基础对策

（一）积极实行用户参与

在交互界面设计开发过程中，用户的参与为设计提供了有价值的用户使用背景、使用需求、用户使用交互界面的可能方式以及对交互界面信息认知的知识来源等。随着交互设计师与用户之间相互沟通的深入与完善，用户参与的有效性也随之增强。用户参与的性质应与不同设计阶段的设计要求相一致。这种由实际使用者参与并对设计方案进行评估的方式还提高了用户对产品的认可和满意度。

（二）适当分配交互行为

交互行为的合理分配是最重要的以用户为中心的设计原则之一，它要求设计师明确交互界面中哪些行为应由用户来完成，哪些行为应由计算机来完成。这些设计决策决定了信息被自动或人工识别的程度。而这种交互行为的分配取决于很多因素，如用户与交互界面在进行信息传递时的可靠性、传递的速度、传递的准确性以及对信息反馈的灵活性等。

（三）合理进行反复设计

反复设计是与用户积极参与相结合的，它可以有效地将交互界面不能满足用户信息需求的风险降低到最低限度。在反复设计的方法中，来自用户的反馈信息是非常重要的因素。反复设计的方法是将用户按照设计要求放置到真实使用环境下的设定场景进行使用和测试，并将用户的反馈逐步落实和完善到后期的设计方案中。反复设计的方法应与其他的设计方法结合使用才能达到整个交互界面设计的完整。

（四）强调多学科知识的指导

以用户为中心的交互界面设计需要多种多样的学科知识的指导与应用，这就要求设计团队应具备掌握这些知识的人员。他们包括最终用户、交互设计师、系统工程师、程序员、界面设计师、平面设计师等，这种多学科的设计团队的规模不一定很大，但成员组成要满足交互界面系统设计开发的多样性要求，以便能够对交互界面设计方案做出合理、有效的权衡。团队中所有成员通力合作，才能最终实现设计开发的成功。

第二节　建立用户信息处理模型

人区别于其他生物的根本特征就是具有发明和制造工具的能力。随着人类社会的发展和科学技术的不断进步，机器能够完成的工作越来越多，也越来越复杂，但机器只能机械地完成人们设计好的功能。人永远需要在不同层次上支配各种各样的工具和系统，以便完成各种任务。人在通过人机交互获取信息时，达到最高效率的设计是让人与机器通过交互界面各自发挥其对信息处理的优势。因此，交互界面的设计研究就应该通过有效的设计方法、设计原则、设计流程使信息交互的过程达到最高的效率和最好的用户满意度。而这些方法、原则、流程的建立基础取决于对交互过程中用户信息处理机制的研究以及所建立的用户信息处理模型。用户的信息处理模型是指用户在接受刺激信息后通过感知系统、认知系统和反应系统进行信息处理并实施交互行为的过程。本书通过研究分析，整合得出交互界面设计过程中用户的信息处理模型，如图 5-3 所示。

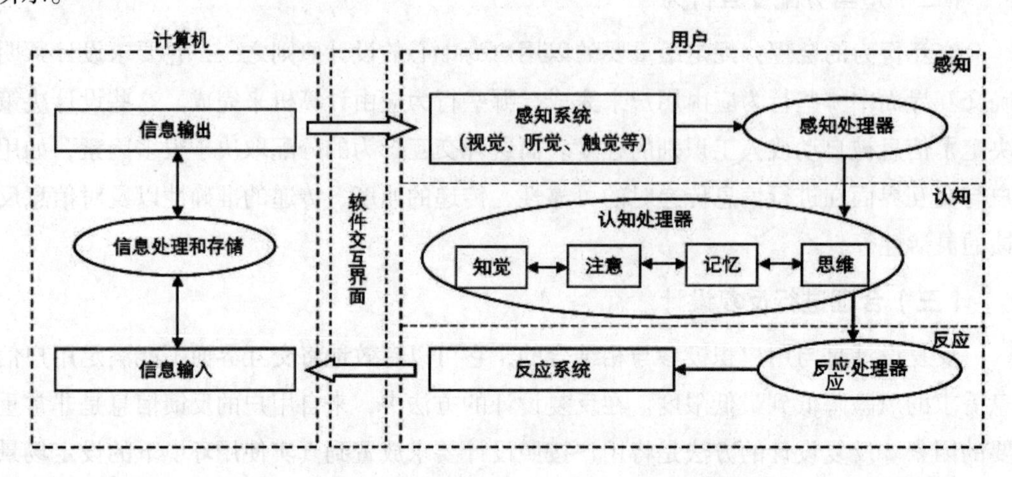

图 5-3　交互界面设计中用户的信息处理模型

第三节　用户的信息感知研究与设计对策

感知是用户对客观信息个别属性的感觉反应，是用户的感觉器官受到交互界面的光线、声音、视觉元素、色彩、振动等信息反馈作用后而得到的主观经验。用户对于交互界面所传递信息的认识是从感知开始的，因此感知是用户知觉、注意、记忆、思维以及情感等一系列复杂心理现象的基础。用户感知是一种简单而又最基本的心理过程，在信息交互过程中起着极其关键的作用。用户除了通过感觉分辨交互界面所传递的信息内容外，其一切高级的、较为复杂的信息认知心理活动都是在感知的基础上产生的。所以说，感知是用户在信息交互过程中了解和识别信息的开端。

信息交互过程中计算机通过用户界面输出的信息是以视觉、听觉或触觉的方式被用户的眼睛、耳朵、肢体等感知系统接受后，传输到感知处理器。在这里，这些刺激信息被短暂地保存起来并且被初步理解。如果交互界面的信息反馈方式不当，用户就无法进行下一步的处理，界面信息就会在用户脑中瞬间消失，界面信息的传递也就失败了。由此可见，用户的感知处理是相当表面化的，这与交互界面的信息表达设计与交互方式有着直接的关系。因此在进行交互界面设计时要充分考虑用户感知器官和感知处理过程的特点。如界面的设计应当尽量减少用户不必要的眼球移动，设计易于浏览的格式和布局，注意提供便于用户理解的上下文信息等。这样就可以有效地避免用户所感知的重要界面信息过早地消失或被误解。而为了保障各类人群，尤其是残障人群的信息获取，交互界面的信息输出应当注意适当使用声音或触觉感知的传递方式。图 5-4 为用户在交互过程中的感知响应过程。

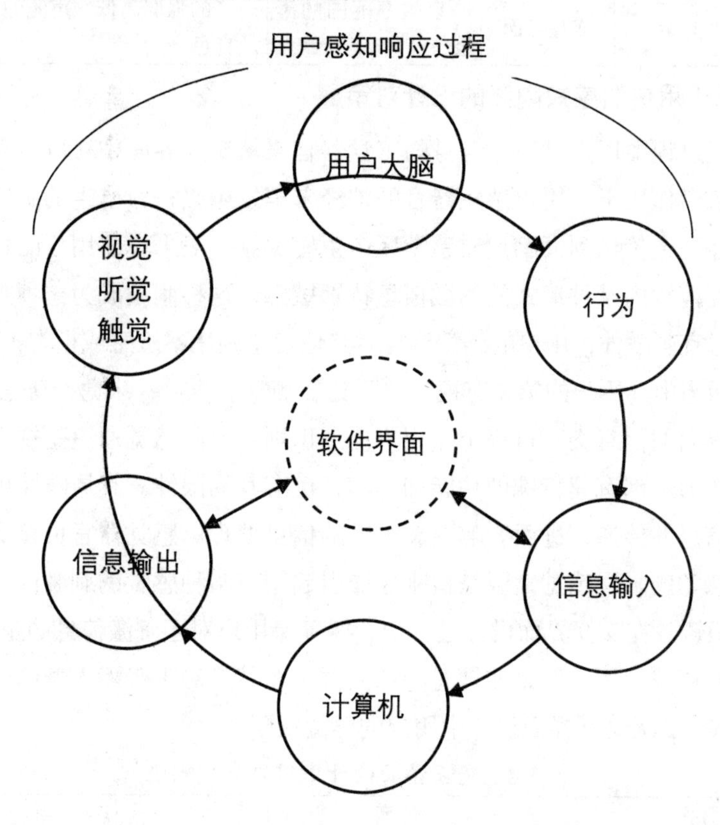

图 5-4　交互界面设计中的用户感知响应过程

一、基于用户信息感知特性的界面设计对策

（一）用户的主要信息感知方式和信息识别特征

信息交互过程中，用户的感觉器官时时刻刻都在接收交互界面所反馈的信息。交互界面中的各种信息以不同的表现方式呈现，认知心理学把这些不同表现方式的信息称为刺激信息。用户具有能够接收多种来自交互界面刺激信息的感觉器官，如眼睛、耳朵、肢体等。其中在软件界面的信息交互过程中，用户主要感知信息的方式及这种方式的信息识别特征如表 5-1 所示。

表 5-1　交互界面设计中用户信息感知方式及识别特征

感知方式	感觉器官	感知来源	刺激信息来源	识别信息的特征
视觉	眼睛	交互界面	一定频率范围的电磁波	形状、大小、位置、远近、色彩、明暗及运动方向等
听觉	耳朵	交互界面	一定频率范围的声波	声音的强弱高低、声源的方向和远近以及音色

（二）基于用户的感知阈限的设计对策

信息交互过程中用户是通过自身的感觉器官来从交互界面中获取所需信息的。在界面信息的刺激作用下，用户感觉器官的神经末梢发生兴奋，产生的脉冲为电波，这种电波沿神经通道传送到大脑皮质感觉区产生感觉。一般来说，用户的一种感觉器官只对某一强度范围内某种形式的刺激信息特别敏感，这种刺激成为这种感觉器官的适宜刺激。除适宜刺激外，用户的感觉器官对其他信息刺激不敏感或根本不反应。

日常生活当中，用户的感觉有视觉、听觉、触觉、嗅觉、味觉、动觉等多种方式，而基于软件界面的信息交互过程中，用户信息识别主要的感觉通道是视觉和听觉。用户的每种感觉通道都有其特殊的功能和作用，也有其局限性。其局限性可能直接影响交互过程中信息的传递，进而影响更高水平的信息处理。感觉器官可接受刺激信息的范围被称作感觉阈限。感觉阈限是指刚好能引起用户某种感觉的刺激值。感觉阈限越低，感觉越敏锐。在交互界面设计过程中，要确保用户对于刺激信息的正常感觉阈限，而感觉阈限的精确使用一般是在针对特殊人群，尤其是对于残障人群的交互界面的设计过程中。表 5-2 为交互界面设计中用户的感觉阈限。

表 5-2　交互界面设计中用户感觉阈限

感觉方式	类型	阈值
视觉	亮度感受范围	（10^{-5} ~ 10^{-4}）× 3.183 lcd/m^2
	亮度差别	△ I/I：1/70
听觉	声波频率感受范围	20 ~ 20000Hz
触觉	手指尖	3g/mm^2

（三）基于用户信息感知相互作用的设计对策

在一定条件下，用户对于界面信息的各种不同感觉都可能发生相互作用，从而使用户的信息感知发生变化。在其与软件界面的信息交互过程中，用户各种感觉器官对于界面信息刺激的感受能力都会因受到其他信息刺激的影响而降低。因此在交互界面的设计过程中，设计师应当充分考虑信息内容的主次关系，以及根据信息的属性选择信息表达的方式，这样才能达到界面信息的有序和有效传递。在进行界面设计时应注意表 5-3 所分析的因用户的感知相互作用所带来的对于信息识别的影响。

表 5-3　交互界面设计中用户信息感知相互作用带来的影响类型和设计提示

影响类型	设计提示
不同感知方式的相互影响	界面微弱的视觉信息刺激能够提高用户对于听觉信息刺激的感受性，强烈的视觉信息刺激则会降低用户的听觉识别。所要遵循的一般规律是较弱的某种感官刺激往往能够提高另一种感觉的识别性，相反，较强的感官刺激则会降低另一种感觉的识别性。
不同感知方式的补偿作用	界面设计中，如果用户在某一感官能力上有缺陷，可以通过其他感官刺激来弥补其对信息的接受和识别，如聋哑人以视觉感知代替听觉感知、盲人以听觉或触觉感知来代替视觉感知等。
不同感知方式的联想	基于软件界面的信息交互过程中，用户通过一种感官识别可能会兼有或联想到另一种感官识别的感受，如欣赏音乐可以感受到一些视觉的效果。信息色彩的不同所带来的感受也不同，如冷暖感、远近感。红、橙、黄等色彩刺激具有温暖感，同时又能使空间感觉上变小；蓝、青、紫等色彩刺激具有寒冷感，同时又能使空间在感觉上变大等。

（四）基于用户信息感知适应的设计对策

在基于软件界面的信息交互过程中，当用户的同一感觉器官接受界面同一信息刺激的持续强烈作用时，用户对界面所传递的信息刺激的感受就会发生变化，从而使用户的信息识别产生障碍。交互界面设计中的这种用户的感知适应特性主要体现在信息表达的色彩应用和声音刺激上。如用户持续接受大面积的同一色彩信息刺激时，会产生视觉盲区或视觉错觉，从而导致对信息接收的遗漏或识别的错误。

（五）基于用户信息感知对比的设计对策

用户的同一感觉器官在不同界面信息刺激的作用下，其感受性在强度和性质上会发生变化。用户的这种感觉对比一般有两类：同时对比和先后对比。同时对比指几个界面信息刺激同时作用于用户同一感觉器官时会产生感受性的变化。例如，黑色的背景会使白色的信息刺激给用户更加白的感觉。先后对比是指界面信息刺激先后作用于用户的同一感受器时，会使用户产生感受性的变化。例如同一强度的声音刺激，会感觉前者比后者强度大一些。在交互界面的设计过程中，用户的感知对比在某种意义上是一种错觉。可能会影响到用户的信息识别，因此设计师应根据信息内容和用户需求合理指导界面信息设计，来迎合用户对于界面信息感知的对比特性。

（六）基于用户信息感知补偿的设计对策

由于用户某种感觉的缺失或机能不全，会促进其他感觉器官的感知能力的提高，从而取得感知弥补的作用。例如，盲人用户的听觉和触觉特别灵敏，以此来补偿丧失了的视觉功能，这种补偿作用是由长期不懈的练习才获得的。设计师应针对不同的用户群来设计他们擅长和习惯的界面信息表达方式，以此增强界面的交互性。

（七）基于用户信息感知实践的设计对策

人的感知能力可以通过日常生活和劳动实践的长期锻炼得以提高和发展，特别是通过某些特殊训练，可以使认知能力提高到常人不可能达到的水平。如音乐家的听觉认知能力、画家的色彩辨别能力及空间知觉能力之所以比一般人发达，也正是长期实践活动的结果。设计师应该根据这些用户的实际环境氛围选择其擅长的交互方式和信息表达来增强交互界面的可用性。

二、基于用户视觉信息感知能力的设计对策

在信息交互过程中，80% 的信息是用户通过视觉系统从交互界面中获得的，因此视觉系统是人与计算机进行信息交流的最主要途径。基于软件界面的信息交互过程中，用户的视觉感知是通过进入用户眼睛的辐射所产生的光感觉而获得的对于界面视觉信息刺激的认识，是用户的眼睛在光线的作用下，对交互界面中信息的明暗、形状、颜色、运动、远近和深浅等表征状态的综合感觉。视觉感知不是对界面信息刺激的被动重复，而是一种积极的理性活动。

（一）用户的视觉机制

人的视觉是由眼睛、视神经和视觉中枢共同完成的，它们组成了人的视觉系统。人的两眼各有一支神经通过眼底的视盘，经过交叉，分别从左右到达大脑表层的视觉中枢。由于人的两只眼球对被视的对象形成一定的视觉差异，从而使人获得了事物的立体感。人的大脑左半球分辨图形文字的能力较强，右半球更善于分析数字信息。经过交叉的视神经传输过来的信息，有利于大脑两半球协同发挥互补的作用。人的视觉器官主要指的是眼球，它包括角膜、虹膜、晶状体和视网膜。而视网膜中的两种视觉细胞具有分辨外界信息形状、大小、颜色、明暗等视觉信息的功能。

（二）基于用户视觉特性的设计对策

1. 基于用户视野及视区的设计对策。

人的视野指的是人头部和眼睛在规定的条件下，人眼可以察觉到的水平面与垂直面内所有的空间范围。它可分为直接视野、眼动视野和观察视野。视野的概念和量值，对于交互界面的设计虽然有一定的参考价值，但要求不够精细。对视野的研究并没有对用户的信息识别提供更多、更细致的信息。而对于交互界面设计而言，这些更为细致的信息数据却很重要。这时就提出了视区的概念。按照对信息的辨识效果，即辨认的清晰度和辨识速度，视区可分为中心视区、最佳视区、有效视区和最大视区（见表 5-4）。在交互界面的信息表达排布设计中应充分考虑用户的视区与视野，根据信息的优先级安排界面信息表达的位置。

表 5-4　交互界面设计中用户视区分析

视区	范围		辨认效果
	垂直方向	水平方向	
中心视区	1.5° ~ 3°	1.5° ~ 3°	辨别形状最清楚
最佳视区	视水平线下 15°	20°	在短时间内辨认形状
有效视区	视水平线上 10°，下 3°	30°	需要集中精力才能辨认清楚
最大视区	视水平线上 60°，下 7°	120°	可感到形状的存在，但轮廓不清

2. 基于用户视角的设计对策。

在交互界面设计中，用户在一定条件下能否看清视觉信息，有时并不取决于视觉信息的大小，而取决于它对应的视角。因此设计师可以根据用户视角与视距的关系，通过计算公式（a=2arctgD/2L，其中 a 表示视距，D 表示信息表达的垂直大小，L 表示用户与界面的距离）得到正常用户在任何视距下可能看清的视觉信息的最小尺寸。设计师在交互界面设计中的文字、符号、图形的最佳尺寸的设计与选择，都应考虑用户的视角与视距，并运用这种方法来确定基本的可识别信息的大小。

3. 基于用户视觉适应的设计对策。

在交互界面中，当视觉信息表达的强度和亮度发生变化时，用户的视觉感受能力也会随之发生变化。用户需要进行视觉适应的调整，它可分为明适应和暗适应两类，用户对于暗适应的过渡时间较长，明适应过渡时间较短。用户的视觉感知在界面信息表达明暗急剧变化的环境中因受到适应能力的限制，会产生视觉疲劳，从而影响用户对信息的接受和识别，还可能带来错误的识别。因此在交互界面设计过程中要尽量避免界面中存在较大明暗差异影响信息的表达。

4. 基于用户视觉运动特性的设计对策。

由于人眼在瞬间能够看清的界面信息表达的范围很小，因此，在用户搜索交互界面上的信息时多采用目光巡视，在界面信息的视觉化设计当中要充分考虑人眼的视觉运动特性。人眼的视觉运动特性主要体现在以下几个方面：眼睛的水平运动比垂直运动快，因此在识别信息时用户往往先看到水平方向的信息内容；眼睛习惯于从左到右、从上到下的运动模式，因此界面信息内容的编排顺序要以此为基础；在人眼偏离视觉中心时，对界面布局的观察能力的高低顺序是：左上角、右上角、左下角、右下角，因此在进行信息层次化分割时要充分考虑这一点；直线轮廓比曲线轮廓更容易被视觉接受和识别，因此在界面当中如果使用拉丁文字就要采用大写印刷体，汉字则不宜采用行书等手写体；当信息形式连续转换时，用户对于信息的视觉感知常常会失真，以至于产生错误的识别和理解，要尽可能避免这种情况的发生；要通过信息的视觉化设计使得重要信息内容吸引用户的视觉中心，这样才能识别信息的细节；人眼要看清界面上的信息内容，一般需要 0.07 ~ 0.3 秒，平均 0.17 秒，但要避免界面光线的昏暗，因为昏暗的光线会增加视觉识别的时间。

5. 基于用户视觉错觉的设计对策。

用户在获取界面信息时所得的信息刺激与真实情况可能会存在差异。这是由于用户的视觉错觉所产生的影响。用户的视觉错觉有形状错觉、色彩错觉、物体错觉三类。在交互界面设计中，形状错觉和色彩错觉较为常见。形状错觉又分为长短错觉、大小错觉、对比错觉、方向错觉、分割错觉、透视错觉、变形错觉等。比如法国国旗是由红、白、蓝三种颜色组成的，其所占面积比例是不同的，而我们平时却感觉三种颜色面积是相等的。这是因为白色给人扩张的感觉，而蓝色却有收缩的感觉，这就是颜色给用户带来的视觉错觉。

用户视觉错觉（见图 5-5）形成的原因有很多，它们可以表现为在快中见慢、在大中见小、在重中见轻、在虚中见实、在深中见浅、在矮中见高等。这些视觉错觉都会最终使用户对于信息的表达形成错误的判断和认知。在交互界面设计过程中，想要正确传达信息的原本内容就要尽量避免视觉错觉的产生，但有时为了达到某种特殊的视觉效果又需要利用视觉错觉表现，这就要求设计师提前分析好用户对于信息的真正需求，有效地利用用户的视觉错觉，有针对性地对界面设计做出改善，这有利于提高用户对于界面信息的认识与识别能力。

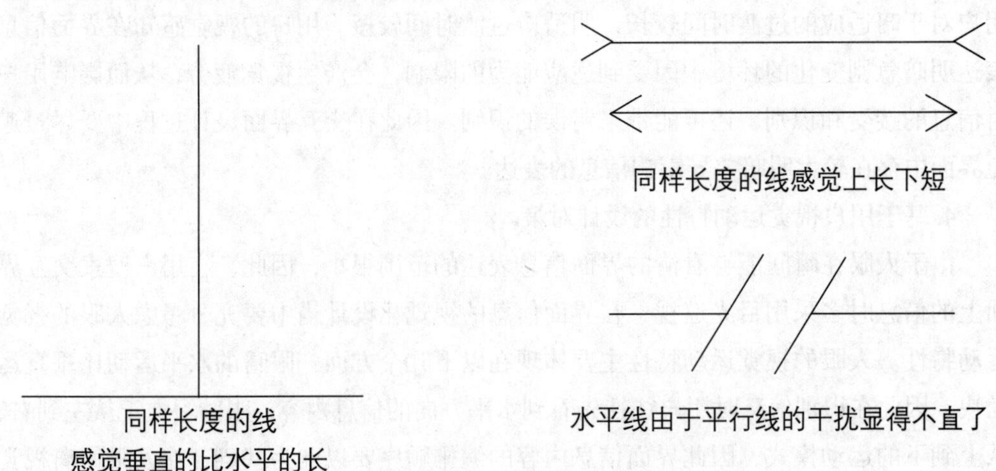

图 5-5　用户视觉错觉案例

（三）基于用户色彩视觉感知的设计对策

人的颜色感知能力取决于光波与环境中物体的交互方式，不同波长的光能够引起不同的颜色感觉。人眼区别不同颜色的能力是通过视网膜上的三种视锥细胞来完成的，这三种细胞分别感受红、绿、蓝这三种基本颜色。但视觉信息被感知的颜色在不同的光环境下会完全不同，对于特定的光源，视觉信息呈现的颜色是由反射的有效频率来确定的。为了选择合适的颜色，交互界面设计师必须了解用户视觉感光细胞的长处和局限性。

研究表明，用户对于光谱中中间频率的色彩感知最敏感，也就是说对黄色与绿色最为敏感，而对蓝色却不怎么敏感，因此，在交互界面设计中应避免使用蓝色文字和小频率的色彩元素。还有就是用户对于信息色彩的分辨能力与界面视觉信息的形状大小也有直接的关系。大多数的色彩感光细胞都位于用户视网膜的中央部分，并且向周边方向递减，通常用户的周围视觉在感知信息色彩时并不具有优势，尤其是在区分红色和绿色时，但在区分蓝色和黄色方面稍微好一些，因此建议对于界面主要信息元素周围的信息表达，用黄色和蓝色可能是最好的选择，要尽量避免使用深绿色和深红色。设计师不应该在界面主体信息周围放置闪动的文字或图形信息，除非想要吸引用户的注意力。

用户对于信息色彩的视觉感知具有一定的特性，这对于交互界面的信息表达具有一定的影响。表 5-5 为用户对于信息色彩的视觉感知特性及设计对策。

表 5-5　用户对于信息色彩的视觉感知特性及设计对策

信息色彩的视觉感知特性	设计对策
适应性	用户在长时间接受某种信息色彩的刺激后，视网膜对于这种颜色的敏感度会降低，对该色调的细微变化的感知会暂时消失。因此，不要在多个重要信息中使用相同的色彩表达。
恒常性	在相同的照明条件下用户感知信息表达的色彩变化相对保持稳定，这是基于用户中枢神经系统对颜色的记忆特性。因此，在同一界面信息的色彩表达应选用同一颜色。
明视度	用户对信息的视觉判断会随信息色彩表达背景的变化而变化，界面信息表达与背景的颜色对比应遵循明视度顺序，利用这一特性可对交互界面中的信息色彩进行合理分配，突出各种颜色的作用效果。
向光性	用户常常会习惯注视视野中最亮的地方，因此在界面中的重要信息内容应该使用高亮度或高明度的色彩表达。

用户对于界面信息色彩的识别还具有主观性。大部分用户都有一个共同的颜色感知范围，并能就现行的颜色达成共识。但另外一些用户却有很大的不同，他们的经验与已有的规范不一致，这些用户被称为有某种程度的色盲，这些用户缺乏辨别某种颜色的能力。还有些用户对红、绿、蓝三原色的辨认有缺陷或是辨别某种颜色的能力较弱。这些都会对界面信息色彩设计造成影响。

用户对于色彩的感知还受到用户文化、年龄、情绪、身体状况、周围环境等诸多因素的影响，因为用户的色觉很大程度上受到其主观性和很多人为因素的影响。交互界面的色彩设计方案对于使用它的用户来说必须是清晰明确的，设计师必须明确交互界面的最终使用者是谁，在交互界面设计中用户的色彩缺陷和主观性必须作为重要的影响因素加以考虑。

三、基于用户听觉信息感知能力的设计对策

现代的图形用户界面在视觉上日趋复杂化，用户对于交互界面的视觉信息的要求也越来越多。但用户可能因为过重的视觉刺激负担而丢失重要的需求信息，这时用户对于其他感知方式的需求也越来越迫切，用户开始选择听觉刺激来获取信息。听觉感知的介入也使人机交互界面来到了多通道、多模式的时代。这些不同交互认知方式的结合使用，使得用户可以选择更加有效的获取信息的途径，从而更加完善交互界面的可用性。

（一）听觉

听觉信息的刺激方式是声波，它是声源在介质中向周围传播的振动波。界面中听觉信息所发出的声波传入用户耳朵，并将声能转换成神经冲动，经传导神经传至大脑皮层的听觉功能区进行认知处理。人的听觉系统主要包括耳、神经传入系统和大脑皮质听区三个部分。

用户对于听觉信息的感知是通过听觉系统对信息的感受、传递、加工，以至最终形成整体认识的过程。按照对听觉信息的感知程度可分为察觉、识别和解释三个层次。影响用户对于听觉信息的察觉条件主要是相对于环境噪声的强度；另外声音的特征因素也很重要，如瞬时特性、持续时间等。用户对于听觉信息的识别条件在于相对于噪声的声压级别、相对于噪声信息的某些特定模式的变化、生源的位置以及现场的声学特性等；听觉信息的识别是对信息察觉的综合判断，但也取决于听觉信息给出的紧急程度。听觉信息的解释取决于很多因素，通常受到用户的习惯程度和后来所获得经验的制约。

（二）基于用户听觉感知特征的设计对策

1. 基于用户听觉感知范围的设计对策。

用户对于听觉信息的刺激是声波，声波有频率和振幅两个基本参数，因此人耳的听觉感知范围与这两个因素有关。人耳的听觉感受频率在 16 ~ 20 000Hz 之间，最敏感处在 1 000 ~ 4 000Hz 之间，并且要达到足够的声压（声压是声音振动所产生的压力）和声强（声强是声波在传播方向上单位时间内垂直通过单位面积的声波能量）。因此界面中听觉信息的感受频率不能低于或超出用户的听觉范围，这样听觉信息才会被用户感受到。

2. 基于用户听觉感知辨别的设计对策。

一般情况下，用户对界面听觉信息的频率的辨别能力较强，大于 4 000Hz 的频率，相差 1% 就能够加以区分。这是由于不同的声波使人内耳产生不同的共振，这种不同

的共振得出了不同的音调的感觉。然而人耳对于声强的辨别能力较弱，因为声强与人的主观感觉不成比例关系，声强变化得再大，人的主观感觉变化依旧很小。因此在设计听觉信息时应多考虑声源的频率。

3. 基于听觉感知方向和距离的设计对策。

用户是通过听觉信息到达两耳强度的不同和时间顺序的不同来判断听觉信息的来源与方向的。一般情况下，用户对于头部左右两端的听觉信息辨别能力较好，对于头部前后、上下的听觉信息辨别能力较弱。人对于高音是根据声强来判断方向的，对于低音是根据时间顺序的不同来判断方向的。人判断听觉信息的距离是通过声强和主观经验来进行的。用户对于熟悉的听觉信息估计得准确一些，反之则差一些。

4. 基于用户听觉感知适应的设计对策。

在用户连续接收听觉信息作用的时候，听觉的敏感度会随着时间的延长而降低，这是人们保护听觉系统的一种自我意识。如果持续时间不长，就不会给用户带来太大的麻烦，但如果持续时间较长的话，就有可能给用户带来听觉疲劳，从而降低用户对于听觉信息的有效识别，甚至会造成对听觉系统的损害。因此界面中的听觉信息应选择适合的表达时长。

5. 基于用户听觉感知掩蔽的设计对策。

界面中某个听觉信息由于其他声音的干扰会促使用户对于这个听觉信息的接收产生困难，产生听觉感知的掩蔽。设计师需要提高这个听觉信息的强度才能够使用户识别。这就要求设计师在使用听觉通道进行信息传递时，充分考虑交互界面的外围使用环境，并通过分清信息的主次关系来指导听觉界面的设计。

四、基于用户触觉信息感知能力的设计对策

触觉信息感知系统是人体整个感知系统的重要部分。触觉是人体皮肤通过与物体表面的接触，对物体的粗糙度、硬度、导热性、温度、湿度、锐利性、振动、触觉力、触觉压力等物理性能的综合反映。所以触觉是一个综合性指标，触觉是与身体物理移动的能力相联系的，触觉和运动一起构成了触觉系统。人们在日常生活中与环境的触觉交互是基本的、持续不断的。

触觉信息感知设计的应用除了满足正常人的感觉需求外，还主要针对视、听觉负荷过重，或视、听觉使用条件受限制，或使用者的视、听觉有缺陷的场合。尤其在告警、追踪及在盲、聋人使用的辅助器等方面，触觉设计有着非常重要的作用。触觉设计的完善将使产品人机交互界面达到真正意义上的无障碍。

用户的触觉信息感知也要满足人类触觉感知的极限范围，迎合用户的触觉习惯和

适应过程，增加主动的触觉信息感知，并且用户经过训练后，通过触觉感知能精确地识别平面的和立体的信息形状，能够使触觉信息转化成更易识别的较为鲜明的视觉形象。

第四节　用户信息认知研究与设计对策

交互界面设计中人的认知是对界面信息的各种属性、各个部分及其之间的相互关系综合的、整体的反映。交互过程中的信息认知必须以用户的各种感知为前提条件，但并不是用户信息感知的简单相加，而是由用户各种感觉器官联合活动所产生的对于界面信息的有效理解，是人脑对于界面信息的初级分析和整合结果，是用户通过界面获得感性知识的主要手段之一。用户的信息认知在信息感知的基础上产生，用户通过交互界面感觉到的信息越丰富、越精确，对于信息的认知也就越完整、越正确，交互设计也就越成功。

用户的信息感知和信息认知都是对交互界面直接作用于用户感觉器官的信息表现形式的客观反映。但用户感知所反映的是界面信息的个别属性，如形状、大小、颜色等，而通过用户认知就可以反映界面信息的内容和意义。用户感知和用户认知的关系是：用户感知反映信息的个别性，用户认知反映信息的整体性，用户感知是用户认知的基础，用户认知是用户感知的深入。用户的信息认知可分为空间信息认知，识别视觉信息的大小、形状；时间信息认知，识别界面信息的连续性、顺序性；运动信息认知，识别信息在界面当中的多媒体表现形式。交互界面中的信息认知都是运动的、发展的和变化的，并且总在一定的空间和时间中进行。所以用户对于界面信息的认知必须从信息的空间特性、时间特性和运动特性去感知，如图 5-6 所示。

一、用户的信息认知与认知心理学

认知心理学（Cognitive Psychology）是现代心理学的一种新思潮、新范式和新的研究趋向。它产生于 20 世纪 50 年代，正式形成于 20 世纪 60 年代。认知心理学有广义与狭义之分，广义的认知心理学泛指以人的认识或认识过程为研究对象的心理学，主要探讨人类内部的心理活动过程、个体认知的发生与发展，以及对人的心理事件、心理表征和信念、意向等心理活动的研究。狭义的认知心理学特指信息加工心理学，它是以个体的心理结构和心理过程为研究对象，把人的认知系统看成一个信息加工的系统，并和计算机进行类比，探讨人对信息的接受、转换、存储和提取的过程，包括知觉、注意、记忆、思维、言语、推理、决策、问题解决等心理过程的研究。本书对人的认知心理的阐述指的是在交互界面的设计过程中，将使用界面的人看作信息加工的载体来研究，从而得知人是如何有效获得信息并进行处理的，以此来指导交互界面的设计。

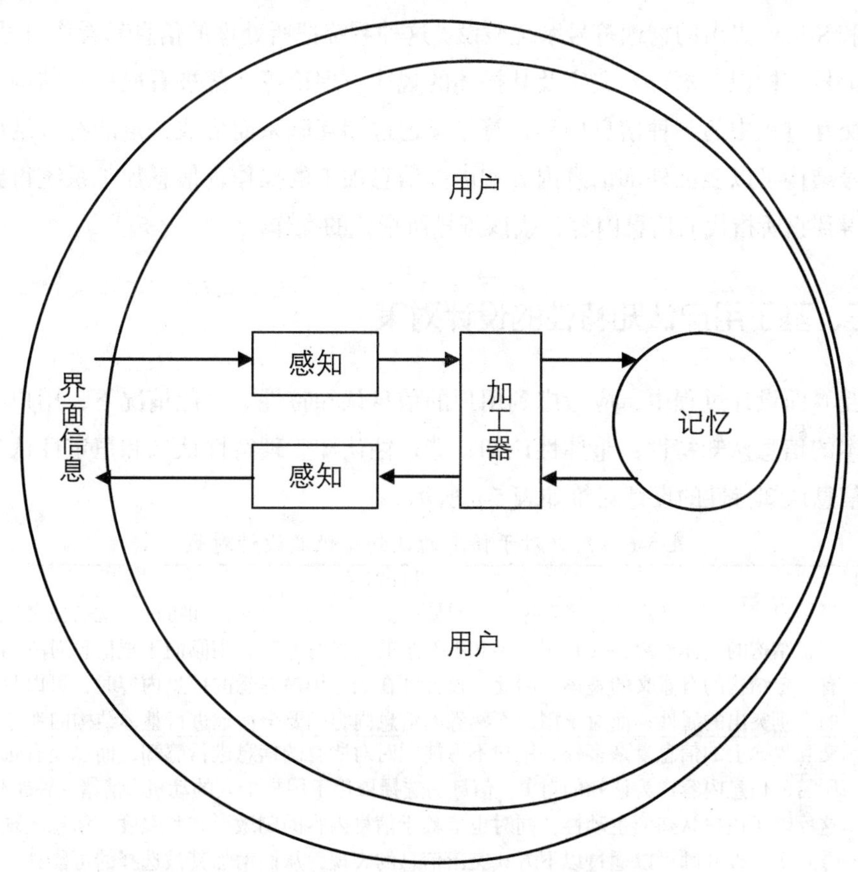

图 5-6　基于软件界面的信息交互的认知过程

二、用户—信息加工系统

从对认知心理学的研究得出，用户在交互过程中的认知过程类似于计算机的信息加工过程。从信息加工的观点出发，将用户在交互过程中的心理活动过程与计算机进行类比，把人脑看作类似于计算机的信息加工系统，从而得出人与计算机在功能结构和信息加工方面具有很多相似之处，如两者都涉及信息的输入输出、信息的存储及提取、信息加工必须按照一定的程序等。因此，在交互界面设计中应以计算机的信息处理模式作为用户的心理机制模型，将用户的心理活动与计算机对信息的处理进行比较，以此来解释用户在交互过程中的认知过程。在人机交互过程中，人对所接受的信息不是立即做出反应的，而是在利用已有的知识经验，对所接受信息进行加工和解释的基础上做出反应的。人机交互过程中用户的行为都是以用户的认知过程为基础的，用户内部的心理活动对用户外在的行为起着重要的调节和控制作用。

目前比较公认的、较为完整的对在交互过程中人脑信息加工模型原理的解释是由 Newell 和 Simon 提出的物理符号系统假设。这种系统把所处理的信息都看作符号信息，所有的记号、标识、语言、文字及其描述的规律、理论等，都被看成符号结构。符号指代了交互过程中的各种信息内容，符号又通过相互联系而形成一定的符号结构，符号和符号结构可以表征外部信息内容和内部信息加工的操作，信息加工系统得到符号就可以得到它所指代的信息内容，或该符号所指代的操作。

三、基于用户认知特性的设计对策

交互界面设计过程中，应考虑到用户的信息认知特性。一般情况下，用户有以下几个基本的信息认知特性：整体性认知、选择性认知、理解性认知和恒定性认知。针对这些信息认知特性的设计对策如表 5-6 所示。

表 5-6　用户对于信息的认知特性及设计对策

认知特性	设计对策
整体性	当用户感知一个熟悉的信息对象时，只要感觉了它的个别属性和特征，就会使之形成一个完整结构的整体形象；而在用户感知不熟悉的信息对象时，则倾向于把信息对象感知为具有一定结构的有意义的整体。因此，设计师在表达用户熟悉的信息内容时，可以只体现它的个别突出的属性；而对于用户不熟悉的信息内容则要全面地进行整体结构的考虑。
选择性	交互界面上的信息复杂多样，用户不可能同时对所有的信息进行感知，而总是有选择地将所需的信息内容作为认知的对象。信息的选择依赖于用户个人的动机、情绪、兴趣和需求，这反映了用户认知的主动性，同时也依赖于信息内容的刺激形式和强度、信息表现的不同方式等。设计师可以通过以下方式突出信息的表现，从而增强其被选择的可能性：通过增强信息表现与背景的差别，这种差别包括颜色、形态、刺激强度等方面，信息表现与背景差别越大，就越容易从背景中区分出来，并优先突出，在界面中给予清晰的反映；将信息元素进行运动处理，因为在固定不变的交互界面背景上，运动的信息形式容易引起用户的注意，成为认知的对象；结合用户的主观因素，当用户的情绪良好时，认知的选择面就会广泛，相反就会狭窄，会出现视而不见、听而不闻的现象。
理解性	信息交互过程中用户习惯性地会运用以前获得的知识和自身的实践经验来理解所选择的信息对象。用户的认知经验越丰富，对于信息内容的理解就越深刻。而交互界面中信息的表现形式应该能够唤起用户的已有知识和过去的经验，使用户对所选信息的理解更迅速、完整。但不确切的信息形式的引导会导致歪曲的信息认知。因此在交互界面设计中，信息的表现形式对于用户理解、识别可用信息具有极其重要的作用。
恒定性	人机交互过程中信息的识别有用户知识和经验的参与，使得用户的认知能力表现出相对的稳定性和恒定性。用户认知的恒定性在交互界面中视觉元素的识别上表现特别明显。用户在识别界面中的视觉信息元素的大小、形状、亮度、颜色等特征时，这种客观的刺激并不完全服从于视觉信息元素本身的物理学规律，尽管会有一些变化，但用户在观察同一信息内容时，认知的印象仍然恒定。设计师应尽量将同一信息内容以一致的界面表达呈现出来。

四、基于用户知识经验的信息认知的设计对策

在交互界面的设计过程中人脑中已有的知识经验及其结构对人操作界面的行为和对信息的认知活动有着决定性的作用。在交互过程中，人类通过知觉来确定和诠释通过交互界面所获得的信息的过程，这一过程不仅依赖于来自界面所传递的信息，还依赖于来自用户本身的知识经验。只有通过用户以往的知识经验使用户内部产生知觉的期望，才能指导用户的感觉器官有目的地从交互界面当中获得所需的信息内容。由此可见，在信息交互过程中，用户的信息认知行为很大程度上取决于自身以往的知识经验。因此，设计师在设计之前应充分了解界面用户的知识背景及过去的习惯经验，并将其应用到界面信息的表达设计上，使界面的信息表达符合用户的认知与识别要求。

五、基于用户认知过程的设计对策

在基于软件界面的信息交互过程中，用户的信息认知过程主要有四个阶段：对界面信息刺激的认知注意、对界面信息刺激产生知觉、对界面信息刺激的认知记忆，以及对界面信息刺激的认知思维。表 5-7 是这几个认知阶段的认知方式分析与设计对策。

表 5-7　用户认知过程分析及设计对策

第一阶段	对界面信息刺激的认知注意
认知方式	在基于软件界面的信息交互过程中，用户的认知注意是用户对界面信息反馈的选择，认知注意是感觉分析向知觉分析的转化，是知觉分析向信息存储转化的重要条件。用户的认知注意是伴随用户对信息的认识、情感、意志等心理过程而存在的一种用户的心理活动，是用户心理活动对一定信息对象的指向和集中。由于感官通道容量有限，用户不可能在同一时间内接受交互界面所提供的所有信息，而只能从中选择极少数作为认知的对象，并且会对于所选择的信息给予关注和坚持。用户的认知注意首先是对交互界面在同一时间内所传达的所有信息进行过滤和筛选，以此防止信息传送通道因有限的通过能力而超载，从而保证用户所需信息能够得到充分的加工。其次用户会使界面信息内容得以在意识中保留，使被选择的交互信息能够实施进一步的加工处理。最后用户会排除和抑制界面不相关信息内容的干扰，使所注意的信息转化为用户的知觉。
设计对策	用户的认知注意是对自身精神的控制支配、对自身意识的聚焦或专注，从而有效识别当前信息、处理当前任务，但用户的注意资源是有限的，所以必须通过选择以避免大量无关信息使大脑承受过分负荷。因此，在交互界面设计中应该做到： 1. 尽量使得用户所选择的信息在交互界面中能够凸显出来，降低用户的注意难度； 2. 把注意力引向用户需要的关键信息和要采取的交互行动上； 3. 关键信息的显示应醒目、突出； 4. 使用动画、闪烁、尺寸变化、位置、色彩、下划线等方式，对功能划分及不同的信息进行排序； 5. 必须避免同时对用户注意力产生过多竞争性的设计，否则会超出用户认知处理的能力，即交互界面上不应密密麻麻填充信息，要谨慎使用过多的色彩、动画等手段来突出信息，这样会导致交互界面混杂，不但不能帮助用户寻找相关信息，反而会分散用户的注意力，让用户反感； 6. 增加无意注意，即用户不需做意志努力就能产生的注意。
第二阶段	对界面信息刺激产生知觉
认知方式	用户对于信息的知觉是对所感觉的界面信息的组织及对其意义的解释。知觉组织可通过所感觉信息的接近、相似、连续、闭合、同域等完成，而解释知觉的过程则包含两个过程：一是自下而上的加工，它是由外部刺激开始加工的，强调来自感觉器官的信息在知觉过程中的作用。其过程一般先从较小的知觉单元进行分析，然后转向较大的知觉单元，经过一系列的连续加工而最终达到对交互信息的解释。二是自上而下的加工，它强调已经建立的概念在知觉过程中的作用，通过用户已有的知识经验和概念来加工当前的交互信息。它使用户对知觉对象先形成一种期望或假设，再通过这种期望与假设制约着信息所有的加工过程，包括对感觉器官的调整和引导感觉对某些细节的注意。这两个信息的解释过程是共同起作用的。单靠自上而下的加工只能产生幻觉，单靠自下而上的加工会使接受界面信息的速度变慢。
第三阶段	对界面信息刺激的认知思维

续表

<table>
<tr><td>设计对策</td><td colspan="3">1. 提高界面视觉信息表达的清晰度，以及听觉信息表达的可听度，最大化地进行自下而上的加工；
2. 强调信息表达的特有特征，避免与其他信息表达的混淆；
3. 使用熟悉的知觉表征，即使用熟悉的信息表达符号，如使用用户熟悉的字体、图标等，尽量不使用信息内容的缩写表达；
4. 提供信息的冗余表达，使用户能够通过多种方式来知觉信息；
5. 符号与图标的信息表达的设计应该符合实际的需求信息内容和交互方式，并结合用户的习惯经验。</td></tr>
<tr><td rowspan="3">认知方式</td><td colspan="3">基于软件界面的信息交互过程中用户的认知记忆首先是对界面反馈信息进行某种方式的转换，使其成为用户可以接受的形式，从而进行信息识别；接着保持这种信息识别的过程，将在信息识别阶段已经加工处理的信息以一定的形式保存在用户记忆系统中；最后再对所存储的信息进行回忆或再认识，即在一定的情境条件下，检索出已经存储在记忆系统中的信息，并使之重现，存储在用户脑中的信息不能被提取或提取错误则相当于遗忘。用户的认知记忆有三个阶段：感官缓冲记忆、短暂记忆和长期记忆。</td></tr>
<tr><td>感官缓冲记忆</td><td>短暂记忆</td><td>长期记忆</td></tr>
<tr><td>感官缓冲记忆又称瞬间记忆，即用户对界面信息刺激的瞬时记忆。当新的反馈信息从这些通道进入时，这些记忆常常会被覆盖。感官缓冲记忆的持续时间一般为0. 25秒至2秒，最长为4秒，但这种记忆的容量较大。感觉记忆中的信息是无意识的，也是未经加工的感觉痕迹。</td><td>短暂记忆是用来暂时回想反馈信息的方式，用于存储短时间内需要的信息。短暂记忆中的信息是来自感官缓冲记忆并对其进行操作、加工，是正在操作和活动的记忆。短暂记忆的容量有限，必须经过加工才能被转入长期记忆进行下一步的加工，否则就会遗忘。</td><td>长期记忆又称永久性记忆，是用户认知行为的主要资源。用户长期记忆里存储着事实性信息、经验性知识、交互行为的程序性准则等，这些都是用户可以从交互界面反馈信息中获得的内容。这种记忆的存储量很大，能够迅速有效地提取相关信息来解决当前所面临的问题。</td></tr>
<tr><td>设计对策</td><td colspan="3">1. 界面信息的刺激应该尽量简洁，降低用户的记忆负担；
2. 界面中所有的信息表达尽量都有视觉上的反馈，减少信息快速的遗失；
3. 进行有效的、合理的界面信息表达的布局，增强用户记忆的逻辑性；
4. 尽量将零碎的、相关联的信息组合表达，并组织良好的信息集合；
5. 增强信息表达的独特性，避免混淆；
6. 尽量使用用户习惯的信息表达方式；
7. 建立体系化、标准化的界面信息表达，减少用户记忆负担；
8. 提供足够的信息表达时间，使用户能够充分提取信息内容；
9. 信息表达尽量通俗易懂，要避免使用技术性的信息表达；
10. 要充分考虑用户的各记忆阶段的限制。</td></tr>
<tr><td>第四阶段</td><td colspan="3">对界面信息刺激的认知思维</td></tr>
<tr><td>认知方式</td><td colspan="3">用户思维是心理学中最复杂、最重要的问题。用户的思维是对记忆中的界面需求信息的总结和概括的反应。它是以用户对于界面信息的感觉、知觉和表象为基础的一种高级的信息认知过程。研究表明，在基于软件界面的信息交互过程中用户解决问题的思维过程可以分为以下四个阶段：发现和明确地提出对于所选记忆中的界面信息的认知问题；分析所提出问题的特点和条件；提出假设和考虑解决方法；检验假设并解决问题，指导实施交互行为。这四个阶段不能截然分开，有时是交错地进行的。</td></tr>
<tr><td>设计对策</td><td colspan="3">应在设计中满足对于用户信息注意、信息知觉和信息记忆的设计要求，这样才能使用户最终通过思维来完成对界面信息反馈的判断，从而知道用户的正确交互行为。</td></tr>
</table>

第五节　用户的认知个体差异与设计对策

基于软件界面的信息交互过程中，用户的认知都具有相似的能力和局限性，但所有用户的认知能力并不是完全相同的，设计师应该意识到用户认知个性的差异，并在设计中尽可能满足这些差异所带来的不同需求。这些差异既可能是长期的，如性别、身体能力、文化环境及智力水平等；也有可能是短期的，如用户感到的压力或疲劳等；还有一些差异是随时间变化的，如年龄等。

一、不同身体机能的用户认知研究与设计对策

（一）儿童、青少年的认知分析

儿童期、青少年前期和青少年中后期对于信息的认知能力有很大区别，随着年龄的增长，其思维日趋抽象，更具假设性和相对性。表 5-8 是不同年龄段的儿童、青少年的信息认知特点分析和相应的设计对策。

表 5-8　不同年龄段的儿童青少年的信息认知特点分析和设计对策

<table>
<tr><th>年龄段</th><th>信息认知特点</th><th>设计对策</th></tr>
<tr><td>3 ~ 7 岁</td><td>此阶段儿童的认知具有自我中心的或无差别的特点。即儿童不能认识到自己的观点与他人的不同，往往根据自己的经验对问题进行判断。</td><td rowspan="5">1. 设计师应尽量在设计中提供有效的信息认知帮助，主动迎合此时期儿童的认知心理；
2. 设计师在设计中应尽量提供直接或间接的信息认知提示，引导用户正确识别信息内容；
3. 设计师应提供合理的、一致的信息表达，使用户形成习惯的信息认知原则，帮助用户记忆；
4. 设计师应该提供拟人化、生活化的信息表达，帮助用户进行学习。</td></tr>
<tr><td>4 ~ 9 岁</td><td>此阶段儿童的认知通过信息角色的选择来完成。在这个阶段，儿童开始意识到他人有不同的观点，表现出了对他人心理状态的关心，但不能理解产生这种不同观点的原因。此阶段的儿童有时仍将自己的观点投放到他人身上。</td></tr>
<tr><td>6 ~ 12 岁</td><td>此阶段儿童的认知以自我反省的方式来完成。在这个阶段，儿童能认识到即使面临同样的信息，自己和他人的观点也可能会有冲突。这时的儿童能考虑他人的观点，并据此预期他们的行为反应，也能根据外界的信息来评价自己的观点和情感。</td></tr>
<tr><td>9 ~ 15 岁</td><td>此阶段青少年的认知以相互性角色的方式来完成。青少年能同时考虑自己与他人的观点，能以一个客观的旁观者的身份对信息进行解释和反应。</td></tr>
<tr><td>12 岁至成人阶段</td><td>此阶段青少年的认知通过社会与习俗系统的角色替换来实现，即青少年可以用社会标准或经验去衡量和判断所获得的信息内容。</td></tr>
</table>

总体来说，儿童期、青少年时期，用户的有意记忆占记忆主导地位，理解记忆成为记忆的主要手段，抽象记忆成为优势记忆方式，经常会运用假设进行思维，并运用抽象的信息概念进行判断、推理，得出各种规律或解决各种复杂问题的过程。此时传递的信息要具有目的的明确性、时间的持久性、内容的精确性及准确的概括性。

（二）老年人的认知分析

随着年龄的变化，人的身体机能也会随之发生变化，人的信息认知也会随之出现障碍，因为人的认知功能是由许多独立的、可量化的、可区别的认知能力组合而成的，包括视力、听力、记忆、思维、智力、学习能力等多方面能力，老年人在这些方面呈现能力下降的趋势，从而形成对信息认知的障碍。表 5-9 是对老年人这些认知能力的分析与设计对策。

表 5-9　老年人的信息认知特点分析和设计对策

认知变化	认知特点	设计对策
视觉减退	尽管老年人视觉变化的个体差异很大，但多数人在 45 岁之前有一个和缓的下降，在 50 岁以后视力就逐渐下降，并出现老花眼现象，到 60 岁以后会加速下降。据我国的有关调查发现，70 岁以上的老年人的视力超过 0.6 的只有 51.4%，老年人视觉能力是逐渐变弱的。表现为： 1. 他们的视觉感受性会降低； 2. 基本视觉功能包括视力、深度视觉也比年轻人差； 3. 对小物体的辨认能力与对大物体的辨认能力相比损失较多； 4. 对视觉信息的加工速度会有较大下降； 5. 视觉的注意能力也有相当程度的降低； 6. 视野范围会缩小，并且有散光，不易对焦； 7. 对于光线的调节与适应能力下降。	1. 界面的信息刺激要尽量简洁易懂，重要的信息应突出； 2. 要提供适当大小、颜色的信息表达； 3. 要尽量采用多种方式的信息表达； 4. 加大信息表达的对比效果； 5. 提供充足的信息表达亮度。
听力下降	随着年龄的增长，听觉器官的能力也随之下降，并且男性比女性更为明显。与视觉相比，老年人有听觉缺陷的人数更多。我国的调查发现，63. 6% 的老年人听力减退，有些人听力减退到耳聋的程度。表现为： 1. 对高音的听力减弱比较明显； 2. 对声音的敏感度下降。	1. 尽量减少其他听觉刺激的干扰； 2. 尽量提供多种感知方式； 3.尽量采用低频率的听觉刺激。
记忆的减退	大量的观察和实验材料也表明，老年人记忆变化的总趋势是随着年龄的增长而下降，但下降的速度并不大，而且个人记忆衰退的速度和程度并不相同，存在着很大的个体差异。其主要特点是： 1. 短时记忆保持较好，长时记忆减退比较明显； 2. 老年人的再认活动保持较好，回忆活动减退较多； 3. 老年人对信息意义的记忆减退较少，对信息具体内容的记忆减退较多。	1. 尽量排除不必要的冗余信息刺激； 2. 尽量简化交互步骤； 3. 多设置提示与警示功能； 4. 尽量对相关信息组合表达，减少记忆负担。

续表

认知变化	认知特点	设计对策
思维的变化	概念学习、解决问题与逻辑推理能力到老年时有逐渐衰退的趋势。记忆效能的衰退可能是老年人思维能力衰退的一个重要的因素。主要表现在： 1. 提出解决问题策略的能力有所降低，而这种降低也往往是受记忆能力，特别是受工作记忆容量的限制的； 2. 创造性思维在老年时有下降的趋势； 3. 对经验的依赖有所加剧； 4. 老年时思维活动的灵活性降低。	1. 尽量减少复杂的功能设置，并进行单一化功能表达； 2. 延长信息显示的时间，提供充足的认知空间； 3. 使交互行为尽量简洁，避免多重的交互操作。
智力变化	对于后天获得的知识、文化和经验，如知识、词汇和理解力等，这些能力随着年龄增长非但不会减退，反而会有所提高，直到 70 岁或 80 岁后才出现减退；而知觉整合能力、近期记忆力、思维敏捷度和注意力、反应速度有关的能力等会随着年龄增长较早就出现减退，而且减退速度也较快。	设计师应遵守一般的界面设计原则。
学习能力的变化	随着年龄的增长，思维能力的衰退，老年人的学习能力也会有所下降，而且学习过程一旦遇到障碍，可能会导致放弃。	1. 界面所提供的帮助功能应该浅显易懂； 2. 界面的信息获取和交互方式应该不需要太多的学习就能够容易地使用。

二、不同文化环境下的用户认知研究与设计对策

世界上不同地区的人群有着非常大的文化差异。由于各个地区地理环境、历史等方面的不同，不同地区的人群差异表现在语言、文字、习惯、行为方式等多个方面，这些差异也以不同的方式反映在人机交互的认知过程中。在某个地区可用性良好的交互界面放到其他不同文化的地区时就可能产生可用性的问题。如语言的差异对于用户的信息处理方式就有着深刻的影响。如英语是基于发音的字母类型文字，中文却是基于象形文字的图形文字；英文文字一般是左右水平排布，而中文文字就可以通过水平和竖直方向进行排布；同时中文的简体和繁体也在不同的地区使用着。在交互界面设计过程中，这些语言的特点不仅造成了一些技术上的特殊性，也意味着有一些交互界面视觉设计方面的不同考虑。研究表明，中国用户比美国用户有更强的视觉区分能力，这种认知方面的区别就源于语言文化的不同。另外，有些认知领域的研究发现，美国人一般具有较多的分类型认知取向，而中国人一般具有较多的关系型认知取向。具有较多分类型认知取向的人倾向于将各种信息按照其各自功能进行分类；具有较多关系型认知取向的人倾向于将各种信息按照其相互关系进行分类。这种认知的区别就源于教育文化的不同。然而直接影响交互设计中用户认知的文化因素还包括以下两种：续表①国家和民族之间的差异。这种差异表现在语言、文字、产品结构、收入水平、法律规定、习惯以及价值观等的不同。②技术方面的差异。这种差异主要表现在现行

的技术标准的不同。

由此可见，地域与文化的差异对于在交互过程中用户对信息的认知有着巨大的影响。因此在进行交互界面设计时应注意以下几个方面：在交互界面中尽量使用不带有地区性的并被一般人广泛接受的视觉元素，要尽量减少单纯使用文字来反馈信息的手段；在使用文字时要注意在不影响反馈信息原意的情况下尽量使用目标用户所习惯的表达方式；在使用文字进行信息传递时，应当注意不同地区表达内容的单位和格式的不同；在交互界面中应用图形或设计标志时，要注意图形可能带来的地域新特征；要尽量避免将对某些区域用户不适合的信息展现在他们面前。

不仅如此，在交互界面设计过程中还要充分考虑用户之间不同的道德和价值观、沟通方式、特殊的喜恶等方面。例如，不同手势与体态语言的意义；人与人之间相处的方式与关系；各个地区不同的关于人种、性别、宗教信仰等方面的看法；不同地域的人的喜好和习惯以及颜色的使用和表征意义等。

由于不同地区人类文化的复杂性，在交互界面设计中还会发现各种各样的与地区文化差异有关的考虑因素。解决这些问题要求交互设计师掌握一般设计之外的特殊的知识背景和经验，同时还要花费更多的时间和精力。如果交互界面的用户来源于不同的文化环境，或是产品要在不同的文化环境下使用，忽视这些问题则可能导致产品最终的可用性问题，甚至导致整个产品设计的失败。因此应该注意不同地区用户界面设计的注意事项和运作过程：项目开始时要全面完整地定义交互界面设计所面向的所有文化环境和用户背景；在交互界面设计的所有环节中，时时注意全部用户背景，以全球化、通用化的设计理念作为设计基础；引进具有国际化及本土化设计经验的专业人员或经验，对交互界面设计的各个环节进行指导和咨询；尽量在用户研究的所有环节邀请代表不同文化背景的用户，并在这些用户的实际使用环境下进行测试。这样充分考虑了不同文化背景下用户的各种需求，就能使软件界面的使用更加通用化、和谐化。

第六章　交互界面中的信息因素及设计对策

随着信息技术的发展与应用，信息和信息技术不仅已成为人们生活和工作的必要因素，也已成为企业和各种机构生存与发展的基础。信息是物资、能源之后的“第三级资源”，它是人类的宝贵财富。现今，人类正在向数字化时代迈进，随着数字化时代的来临，各种各样信息的数字化传递都将成为数字化经济的标志。人们越来越关注如何利用数字化技术、可视化技术及艺术设计手段将信息传达得更加准确和有效。交互界面作为人机交互过程中信息数字化传递的现实媒介，是数字化时代人们进行信息交流的重要手段。在满足用户信息需求和有足够技术保障的前提下，信息作为交互界面传播的内容，为促进其能够有效地传递和识别，对于交互界面中信息的设计研究就必不可少。

现代信息技术和人机交互技术已经实现了基于交互界面的海量信息的低成本高速传播。但这些海量数据对交互过程中用户高效查找有用信息、分析信息之间的联系以及理解信息内容造成了极大的困难。基于软件界面的信息交互过程中，海量信息随时、不断地更新与增加，更加大了用户识别和理解信息的难度。现在，在基于软件界面的信息交互过程中，信息收集、存储和管理能力都在迅速提高，而人们理解界面信息的能力却没有在行为上（对待信息的方式）、思想上（寻找信息背后的意义）和技术上（提供更简便的工具使用户掌控信息）得到相应提高。解决信息容量的问题可以由计算机硬件的开发来帮助解决，而对基于软件的信息表达设计却相对滞后，这就使设计师迫切地需要有相应的设计方法和手段来了解信息如何能够被人们更好地、更有效地观察、识别和理解。这就要求设计师分析研究交互界面中的信息因素以及相应的设计对策，以此来促进交互过程中的信息识别、信息理解、信息管理以及信息传递。

信息识别的研究与计算机的发展、人机交互研究的发展有着密不可分的关系。20世纪80年代中期出现了斯利肯图形工作站。这个图形工作站的出现为二维和三维的地理图形转换带来了一种先进的、实时的交互图形方式和新的视觉效果，并提供了将抽象信息视觉化的新技术。20世纪90年代，这种先进的交互图形能力被应用到了个人电脑（PC）操作平台中，使得PC也能够开始支持实时的、动态的、交互的视觉表现形式。1993年，美国国家超级计算应用中心（National Center for Supercomputing

Applications，NCSA）开发的Mosaic网络浏览器把文本、图片和声音结合起来，采用点击界面的方式简化了浏览过程，从而方便了用户获取网上的数字信息。随后迅猛发展的互联网技术，以及网络浏览方式的出现所带来的信息膨胀，使得信息的识别研究对于交互界面的设计越来越重要。

第一节 交互界面中信息的概念

（一）信息的定义

信息定义的出现快有100年的历史了，到目前为止，围绕信息定义所出现的流行说法已不下百种。而信息（information）的经典定义是：信息是用来消除随机不定性的东西（1948年，由美国数学家、信息论的创始人仙农在题为“通信的数学理论”的论文中指出）；信息就是信息，既非物质，也非能量。信息的现代定义是：信息是确定性的增加，信息就是信息，信息是物质、能量、信息及其属性的标示，信息是事物现象及其属性标识的集合，信息是事物属性的表征（表征即表象，包括标志、标识、表示、反映、表现等）。而在《科学技术信息系统标准与使用指南——术语标准》中信息的定义是：“信息是物质存在的一种方式、形态或运动形态，也是事物的一种普遍属性，一般指数据、消息中所包含的意义，可以使消息中所描述事件中的不定性减少。”这个解释是本书对于交互界面中信息采用的定义。

（二）信息的类型与特征

在交互界面设计中，按照信息的加工顺序可分为一次信息、二次信息和三次信息等。按照信息的反映形式可分为数字信息、文本信息、图像信息和声音信息等。这些类型的信息是可以通过有效的设计相互转化的。

在交互界面设计中，信息具有以下几种特性，如表6-1所示。

表6-1 交互界面设计中的信息特性

信息特性	在交互界面设计中的具体表现
真伪性	交互界面中，信息有真伪之分，信息真伪的识别是看信息能够客观、准确地反映现实世界的事务。
层次性	交互界面中，信息是分等级的，信息根据界面用户的不同有着等级的划分。
识别性	交互界面中，信息可通过可视化设计，采取直观、比较和间接等多种方式来识别。
变换性	交互界面中，信息可以从一种表现形式转换为另一种表现形式。如抽象信息可转换为数据、文字和图像等形态，而数据、文字和图形之间又可以相互转变。
存储性	交互界面中，信息是可以通过计算机存储器进行存储的。
处理性	交互界面中，计算机软件系统是具有信息处理功能的。

续表

传递性	交互界面中，信息是以可视化视觉元素、听觉元素、触觉元素呈现的，它可以通过用户的感觉系统进行感知和传递。
压缩性	交互界面中，信息可以进行压缩，可以用不同的信息量来描述同一信息。设计师应用尽可能少的元素描述某个信息的主要特征。
时效性	交互界面中，信息是一种资源，因此是有价值的，具有一定的实效性和可利用性。而且信息在一定的时间内是有效的信息，在此时间之外就是无效信息。
共享性	交互界面中，信息具有扩散性，因此可共享。

第二节　交互界面中的信息识别

信息识别是对交互界面中表征事物或现象的各种形式（数据、文字、图形和逻辑关系）的信息进行处理和分析，对事物或现象进行描述、辨认、分类和解释的过程，是基于软件界面的信息交互设计的重要组成部分。

信息识别是人机交互过程中最普遍的一种交互认知活动。信息识别是对于交互过程中所传递的信息的把握，是对数据、文字、符号、图形以及行为即所谓“信息表达”的领会，是对所传递信息意义的把握，是对信息表达所包含的内容或思想的领会，是对用户心灵或精神的渗透。所以，在人与软件界面信息交互过程中的信息识别在一般意义上是领会、了解、认识、知晓和领悟界面所传递的信息。从某种意义上看，人与计算机的信息交流活动实际上就是一种信息识别的活动，而这种识别总是通过信息的相互传递进行的，因此信息识别就成为探索人与计算机之间发生关联和交往的关键因素之一。

在基于软件界面的信息交互过程中，信息识别是一个非常一般性的问题。用户与计算机彼此相识获得对方所传递的一些信息是一种识别，理解交互界面中有差异的信息是一种识别，为便于交互界面信息管理而对某类信息进行编排的方式也是一种识别。人机交互过程中的信息识别就是一个融合信息定义、信息理解过程与信息传达结果为一体的概念。

在基于软件界面的信息交互过程中，用户为信息定义是信息概念识别的阶段；在交互界面中用户遇到的每一个信息表达，用户都需要通过视觉、听觉或触觉，甚至采用一系列复杂仪器设备、检验方法等对所呈现的信息内容进行辨识，这是信息识别的应用阶段；信息识别过程结束所得的对于信息的理解即是信息识别的结果。在交互界面的信息识别过程中，识别的主体是用户，客体是交互界面所传递的信息内容。

在交互界面中，信息的表达方式一般有三种：视觉信息、听觉信息和触觉信息。交互界面中的视觉信息是用亮度、对比度、颜色、形状、大小或视觉化元素的排列来传达的信息，它是通过用户的视觉感知从交互界面中获取的，它是交互界面中最主要的信息表达形式。听觉信息是由声音的音调、频率和间隔来传达的信息内容，它是通过用户的听觉感知从交互界面中获取的。触觉信息是通过界面的粗糙程度、轮廓或位置来传达的信息，它是通过用户的触觉感知从交互界面中获取的。听觉信息与触觉信息是交互界面信息表达的辅助表达手段。这三种不同的信息表达所传递的信息特征如表 6-2 所示。

表 6-2　交互界面设计中的信息表达及特征

信息表达	交互界面所传递的信息特征
视觉信息	1. 数字化、可视化的信息或含有抽象信息意义的视觉表达； 2. 传递的信息内容很多、很复杂； 3. 需要用位置、距离等空间状态说明的信息； 4. 需要用形状、色彩、大小等物理状态说明的信息； 5. 所处环境不适合听觉或触觉传递的信息； 6. 不需要急迫传递的、需要延迟的信息； 7. 所传递的信息需要被识别或辅助交互行为。
听觉信息	1. 较短或无须被延迟的信息； 2. 简单且要求快速传递的信息； 3. 在视觉感知过重的情况下，可分担视觉负荷的信息； 4. 所处环境不适合视觉或触觉感知的信息。
触觉信息	1. 视觉、听觉感知过重的情况下，可分担视觉或听觉负荷的信息； 2. 使用视觉或听觉感知有困难的情况； 3. 简单并要求快速传递的信息。

第三节　交互界面中的信息识别原则

一、易感知

交互界面中的信息设计应根据信息的内容选择合理、有效、易感知的信息表达方式，如通过对文字、符号、图形图像、色彩、编排、声音等方式的选择应用来促使所传递的信息内容容易被感知。信息容易被感知是一个好的交互界面设计的关键，虽然它不是充分条件，但是必要的条件。

二、习惯的理解（一致性）

交互界面中，用户常常是根据以往的习惯经验和期望来感知和理解所传递的信息的。如果界面信息的表达与用户的习惯或期望不一致，这就需要设计一个更加明确的表达来保证信息能够被用户接收和理解。好的界面设计应该接受和采用用户的习惯倾向思维和行为，设计出的信息表达应该和其他可能被同时使用的信息表达或最近已经使用过的信息表达相一致。这样一来，在识别其他信息表达中的旧习惯就可以正面地、有帮助地应用到新信息表达的识别中来。如软件界面上方的菜单栏，一般有一个通常的排放顺序，从左至右为文件、编辑、查看、工具、帮助等。当设计一个新的软件时也应遵循这样一个顺序，否则，用户看起来就不是很习惯，从而造成不必要的错误和时间精力的浪费。再如，同一系列的图标要保持相似，同一系统的不同图标之间的风格要保持一致，应用程序和操作系统之间的图标之间要尽可能保持一致等。

三、适时的冗余

在交互界面设计中，有时同样的信息内容多次出现有利于信息被用户正确理解，尤其是在一定条件下，同样的信息内容以不同的表达方式同时出现，如声音加图形、声音加文字、文字加图形、颜色加形状等方式来表达时更容易被用户理解。然而，冗余并不是简单地重复同样的东西。

四、可辨别

在交互界面设计中，相似的表达容易引起信息内容的混淆，设计师需要运用可辨别的信息表达元素来处理信息内容。几个信息表达的相似程度取决于信息表达的相似特征与不同特征的比率。在可能带来信息混淆的信息表达中，设计师应该创造信息表达的独特性，删除信息表达中的相似特征，强调不同的特征，从而达到信息内容的可辨别性。值得注意的是，可辨别性差的信息表达会进一步增加信息内容混淆的可能性，给用户的信息识别带来障碍。

第四节　交互界面中的信息表达及设计对策

一、视觉信息表达及设计对策

基于软件界面的信息交互过程中，80% 的信息是用户通过视觉系统从界面中获得的，因此视觉系统是人与机器进行信息交流的最主要途径。因此视觉化的信息就成为交互界面中最重要和最主要的信息表达方式。

（一）视觉信息的分类

按照视觉信息的表现形式可将视觉信息分为文字信息、数字信息、符号信息、图形信息、图像信息等。文字信息是以文字方式表达的信息内容，如界面中指明相应功能的菜单或导航按钮上的文字；数字信息是以数字方式表达的信息内容，如表示信息度量的数值；符号信息是以形象化的图形符号表达的信息内容，如各种功能图标；图形信息是以图形的方式来表达的信息内容，如以框图、表格来表达流程等；图像信息是以图像方式来表达信息内容的信息，如动画、图片、照片等。按照视觉信息的时间特性可将视觉信息分为动态信息与静态信息。动态信息是指所传递的信息随时间而变化，如动态导航栏和动画等；静态信息是指在一定时间内保持不变的信息内容，如菜单、静态导航栏、静态图形图像、符号等。

（二）视觉信息的设计要求

用户对于交互界面中视觉信息设计的识别是对信息视觉表达的直观感受、传递和加工，以至形成对信息内容整体的感知、认知与解释的过程。在前一章中我们已经深入探讨了用户对于信息的感知和认知过程：界面是以视觉元素的表达方式作用在用户的视觉感受器上，通过大脑视觉神经系统把视觉信号刺激引起的视觉神经冲动传入大脑进行深入加工，产生比较完整的对于视觉信息识别的心理和生理过程。感知、认知与解释是用户对于视觉信息识别程度的三个过程：感知是用户仅仅发现了信息视觉表达的存在；认知是用户辨别出所察觉的视觉信息，这是把所察觉的视觉信息从其他视觉信息中进行辨别与区分，从而得到所需信息的过程；解释是用户理解了所识别的视觉信息内容和意义，通过用户的感官认知将信息内容从视觉表达载体中分离出来，恢复信息内在含义的过程，解释是信息视觉化的逆过程。要达到用户对于视觉信息感知、认知及解释的有效性、便捷性，设计师应该在设计过程中注意以下要求：

（1）视觉信息的感知要求：放置在用户的视野内，并且从所有需要观察的位置都可以被注意到；与背景相比有合适的视亮度和颜色反差；视觉元素的应用应该简单、明晰、合乎逻辑，便于理解和明确表达。

（2）视觉信息的认知要求：视觉信息应根据其重要性和使用频率布置在界面适当的、有效的视区内；根据视觉信息与用户之间的功能关系，选用适当的视觉元素类型并进行合理编排；在视觉元素的色彩运用上要满足用户的视觉环境要求，要具有良好的明暗度和对比度。

（3）视觉信息的解释要求：界面中任何传递的视觉信息应使用户能够迅速地、准确地进行理解和判断，并指导用户实施交互行为。

（三）视觉信息的设计应用与设计对策

1. 基本视觉元素——点、线、面

不管交互界面中的信息表达如何复杂多变，作为视觉信息的形式，在交互界面中构成信息表达的最基本元素是点、线、面。一个按钮、一个文字可以看作一个点，几个按钮、几个文字、几个图形的排列可以看作线，线的移动、多行文字的排布或图形图像可以理解成面。在交互界面中，可以把所有视觉信息的表达都看作点、线、面，通过点、线、面的组合形成各种各样的视觉信息形象和千变万化的视觉信息空间。表6-3为界面中被视作点、线或面的视觉信息表达的特点和设计对策。

表6-3　界面中被视作点、线或面的视觉信息表达的特点和设计对策

表达方式	表达特点	设计对策
点	在交互界面中，“点”的信息表达有很多的形态，它可以是圆的、方的，甚至是动态的。点具有形状、方向、大小等属性。“点”的信息表达还具有视觉集中的特性，可以在界面当中起到“点睛”的作用。	通常在界面中需要特别突出的信息内容一般被视为“点”来处理。
线	在交互界面中，“线”的信息表达是具有方向性、流动性、延续性的视觉元素，不同形态的“线”的信息表达将给用户带来不同的心理感受：水平线给用户开朗、安宁、平静的感觉；斜线具有动力、不安、速度和现代意识；垂直线具有庄严、挺拔、力量、向上的感觉；曲线给用户柔软、流畅的感觉；粗线给人以充满力量的感觉，细线显得细腻而具有科技感。此外“线”的放射、粗细、渐变还可以体现信息表达的三维纵深感。	设计中可以运用平面构成中的重复、近似、渐变、对比、密集等构成手法，将看作“线”的信息视觉表达进行不同方式的排列组合，这将产生很多具有奇妙效果的视觉形态。这些效果将加强信息内容之间的联系，使界面信息层次得以丰富和明朗。
面	在交互界面中，“面”的信息表达所传递的信息内容一般会更大，占据的空间位置更多，分量也会很重，因此在信息内容的视觉表现上更为强烈和实在。面可以分为几何形的面和具有空间感的面。几何形的面比较简洁、明快、有序，偏于理性。方形面会使用户产生稳重、规矩的感觉，圆形面会使用户产生柔和、充实的感觉，三角面会使用户产生坚实、稳定的感觉。具有空间感的面会给用户带来立体的、三维的信息感受。	设计师可以将相关联的文字、面板、图片的信息表达看作一个整体“面”。通过视觉传达设计中对于“面”的设计手段来实施信息的设计与编排。充分结合不同形状的面给用户带来的心理感觉辅助界面信息内容的传达。

2. 文字和字符信息

虽然图形图像越来越多地在交互界面的设计中使用，但大多数信息内容仍然需要通过文字或字符以一种独立的视觉表达模式或用来标注符号、图形、图像等的形式来传达信息内容。文字与字符还是交互界面信息表达的核心，也是信息内容视觉表达最直接的方式。文字与字符在交互界面设计中，不仅仅局限于信息内容的传达上，它还可以成为信息内容的一种高尚的艺术表现形式。但在交互界面设计过程中，文字与字符的大小及其他特性必须确保所传递信息内容的易辨识性和可读性。恰当的文字和字

符设计必须基于以下因素酌情处理：用户视角与视距、用户色彩感知心理、用户的视觉能力等。表 6-4 是对交互界面中文字与字符的特性分析和设计提示。

表 6-4　交互界面中文字与字符的特性分析和设计提示

<table>
<tr><th>特性</th><th>在交互界面中的表现</th><th>设计提示</th></tr>
<tr><td>字体</td><td>字体在交互界面中可以理解为字符的形状</td><td rowspan="4">正确、恰当使用文字与字符的特性取决于以下两点：
1. 信息接受的人群：设计师要了解谁将通过文字与字符的信息表达来获取信息内容，用户的视觉热点是什么，如年龄、视觉敏感度、色觉等；
2. 信息应用的场合：设计师要了解文字或字符信息传达的目的是什么，信息需要以多快的速度和什么样的形式来传递，用户需要什么样的信息等。</td></tr>
<tr><td>大小</td><td>大小可以理解为文字的高度、宽度，字符的字间距与行间距等</td></tr>
<tr><td>颜色</td><td>颜色可以理解为文字、背景的色彩选择与表达</td></tr>
<tr><td>对比度</td><td>对比度可以理解为文字与界面背景的亮度对比</td></tr>
</table>

交互界面中的文字大小即文字的大小对比，是文字可读性的最重要决定因素之一。文字大小的处理可以产生一定的主从韵律和节奏感。字号大的文字可以烘托主题、吸引用户的注意；有些粗体的文字加大后，可以起到活跃版面的作用。文字或字符的大小在考虑界面艺术风格之外还应考虑硬件设备分辨率的限制以及不同人群的视觉特点，以防出现文字过小而影响用户对信息内容的辨认。

交互界面中的文字间距对于信息的可读性来讲非常重要。如果字间距太小，文字或字符就很难被用户区分，尤其是浅色字深色背景的话。较宽的字间距是需要的，但也不能超过 1 ∶ 4。文字的行间距对于信息内容的可读性来说也很重要。为了增强文字信息的可读性，一般采用比文字大小大 3 ~ 4 个点的行高。有时为了增强相对大的文字的可读性也要增加行间距；当信息为浅色字深色背景时，也应增加行间距。

交互界面中的文字字体是文字信息表达设计的重要部分。无论是中文文字还是别的文字都有很多种字体可以选择，设计师应根据信息内容和用户的需求进行选择。界面中一般要采用容易辨认的、用户熟悉的字体，如中文宋体、黑体、楷体，英文 Times New Roman、Arial 等字体。但有时使用字体不是为了表达信息，而是为了烘托气氛或增加艺术表现力，这时可以采用一些手写体或艺术体。有时界面中的标题为了达到醒目的效果，还可以使用加粗的字体、手绘创意美术字等。

交互界面中的文字编排对于信息的有效传递也很重要。交互界面设计中文字的编排形式有很多，如横排、竖排、左对齐、右对齐、居中、图文穿插、自由编排以及群组编排等。表 6-5 是对文字编排的形式、特点的分析与设计提示。

表 6-5　交互界面中文字编排的分析和设计提示

文字编排形式	设计提示
横竖编排	横竖编排会使用户感觉规整、大方，但要注意避免平淡，设计中可以通过字体的不同来增加变化。

左右对齐	左右对齐可以给用户自然、愉悦的节奏感，但左对齐的方式适合大多数人的阅读习惯，更易被用户所接受，容易产生亲和感。
居中编排	居中编排能够集中用户视线，但不利于用户阅读，要尽量少采用这种编排方式。
图文穿插编排	图文穿插编排会给用户亲切、生动、平和的感觉，会增强用户对于信息内容的理解与识别，设计师应较多采用这种编排方式。
自由编排	自由编排虽然能够使整个界面更趋活泼、新奇，但要结合一定的规律，避免出现界面信息的紊乱。
群组编排	群组编排在界面文字编排中非常常见，是一种有效的编排方式，它避免了界面信息的紊乱，整体划一，突出主题，并富有极强的现代设计感。
文字的远近	文字的远近一般可通过文字大小的对比、文字色彩的对比、文字动静状态的对比、质感的对比以及构图的前后关系对比来实现，较近的文字信息活跃、突出，较远的文字信息则安静、平和，这样会使界面显得有层次，并产生韵律的美感。
文字的主次	文字的主次从视觉传达的角度来讲是通过文字的大小、色彩、动态效果以及字体等几方面来实现的，如果界面中的文字信息编排的主次关系很差，那么就有可能造成信息传达的混乱。

3. 符号和图标信息

交互界面中的符号和图标都是标志的一种。交互界面中标志的目的是明确地传达某个信息的内容与功能。符号和它所表示的信息内容没有直接的关系，只不过是按照惯例，用户同意使用它。符号是某个信息的人为选定的表征，符号和它所代表的信息内容之间基本没有视觉表征上的相似，其含义必须经过用户学习后才能理解。图标表示信息内容的一个图形化描述，不需要文字或者标识说明就能够使用户轻松容易地识别，其含义直接与它所代表的信息内容的视觉表征相一致。因此在交互界面中常采用图标的形式来表达信息。几个软件导航中的图标使用，如图 6-1 所示。

现在的交互界面中越来越多地使用图标来表达操作。原因是图标在信息内容的视觉表达上具有更好的能力：首先作为一种抽象、简洁的图形语言，图标比文字更加容易被直接感知，人对图标的认知程度更高，而且有更高的感知储存；其次，人对图标信息的加工速度更快，对图标的主观感受和识别的速度比文字更快；再次，图标比文字更容易被选择性注意，选择性注意指的是集中于相关信息而过滤掉无关信息的能力；最后，人对图标的记忆能力比文字强得多，对图标传达的信息的熟悉度更高，可减少再次操作时的学习。当然，当图标和文字相互作用时，对人的操作行动的帮助更大。但是设计师要特别注意图标传达信息的准确性，要保证图标应该与实际传达的信息内容相一致。首先，图标表达的信息量应该有一个合理的尺度，并考虑到用户的心理因素；其次，图标应该是容易理解的，应采用人们熟悉的图标，符合使用者的操作习惯和意图；最后，图标传达的信息应该与相应的功能含义相一致，从而避免用户的错误操作。表 6-6 是交互界面中图标设计的基本要求。

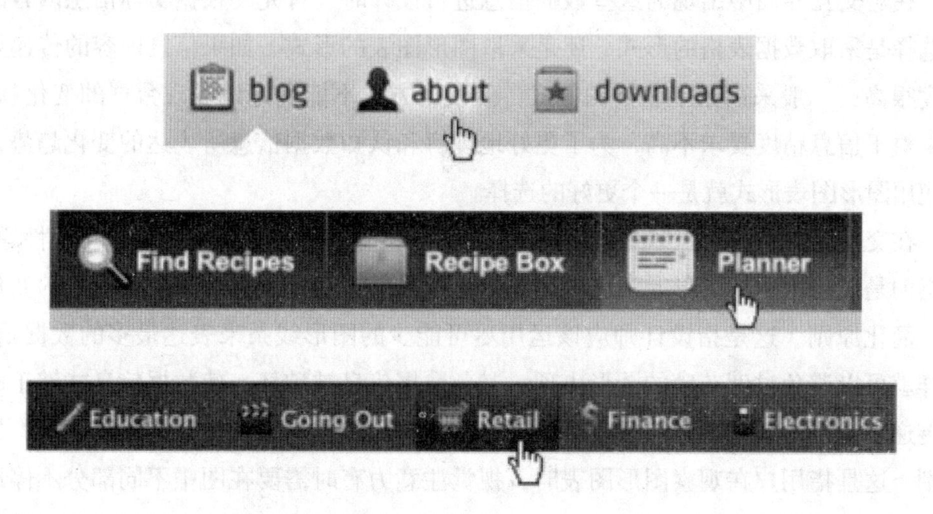

图 6-1　几个软件导航中的图标使用

表 6-6　交互界面中图标设计的基本要求

基本要求	要求内容
合理表达	在图标设计之前，设计师应该基于用户调查，充分考虑使用者通过图标解决信息识别与功能操作问题的方式与交互行为特征，并考虑用户在交互行为上发生错误的各种可能性，研究图标使用的合理性。
适量表达	界面中的图标不应表达过多的信息内容，一旦图标表达的信息超过了用户的视觉接收容量，信息会在传递过程中出现错误或消失。并且，由于用户短时记忆的信息容量很小，而储存在长时记忆中的信息却非常大，因而界面中的一个图标应该表达适量的可用信息。
清晰表达	设计师应避免选用容易造成含义混淆的图标，图标含义应该清晰明确，这样便于用户有效地获得交互步骤的信息，并对信息做出正确的识别与判断。如果图标含义不明确，会让用户无法了解信息内容，从而对后面的交互行为造成不必要的障碍，并容易使用户对交互界面产生恐惧和不愉快的感觉。
简洁表达	界面中应尽量使用简洁的图标，这样会使用户对交互过程的信息感知更容易被储存，而所储存的信息更容易通过回忆被转化成愉快的记忆，从而降低被遗忘的可能。简洁的图标所传递的交互信息更容易被用户从短时记忆加工成为长时记忆，从而形成有效的、正确的习惯和经验知识。
习惯表达	交互界面中应尽量采用用户更为熟悉的图形，或者采用使用户能够通过其他行为的回忆而产生熟悉感的图标。这样可以使用户更好地理解图标的含义，以及该图标与其他图标的区别。倘若一味地追求形式新奇带来的视觉冲击，其结果可能对用户的信息理解增加障碍。

图 6-2　是本书总结的图标设计的一般流程。

4. 图形图表信息

交互界面中经常会出现一些以数字或数值为表现形式的信息内容，如为用户描述不同产品的性能和成本的电子数据表。设计师采取什么样的视觉表达来描述这些数据，在很大程度上影响着用户对这些数据信息的理解。

在对交互界面中出现的这些数据信息进行设计时，首先要根据实际信息内容的情况选择是采取数据表格的形式，还是采取图形图表的形式。如果信息内容的传递要求精度很高，一般采用数字表格的方式，但表格方式不能良好地表现数据的变化状态；如果对于信息精度要求不高，为了更好地理解和认知数据信息所表达的变化趋势，那么使用图形图表形式就是一个更好的选择。

在交互界面中利用图形图表形式时，设计师应该遵循以下设计原则：可读性原则，它指的是代替数据的图形元素应该容易地被用户所识别，从中理解数据信息的变化状态；简化原则，这是指设计师应该运用尽可能少的图形线条来表达最多的数据信息，这样就可以避免过度花哨的图形出现，避免数据信息被破坏，使数据信息能够正确地被传递和识别，如果图形线条过多会变得很拥挤，致使信息传递效果适得其反；接近原则，这是指用户在观察图形图表时，视觉注意力有时需要在图中不同部分不停地转换，但如果这种转换太频繁的话，会妨碍用户对图形图表信息的理解，因此设计师应该把需要比较或者综合的信息放置在同一空间或通过一个共同的视觉元素来处理，它们使用户能够容易地在感知上将其联系在一起，从而降低用户的认知障碍；视觉化原则，这是指随着图表中数据图形信息的不断增多，这种表达方式就不再称为图形图表，而是称为数据的视觉化，也就是依赖于功能强大的计算机显示技术，采用彩色的三维立体图像，以一种用户能够浏览和操作的方式来显示复杂或多维的数据信息。软件界面中的图表使用如图 6-3 至图 6-5 所示。

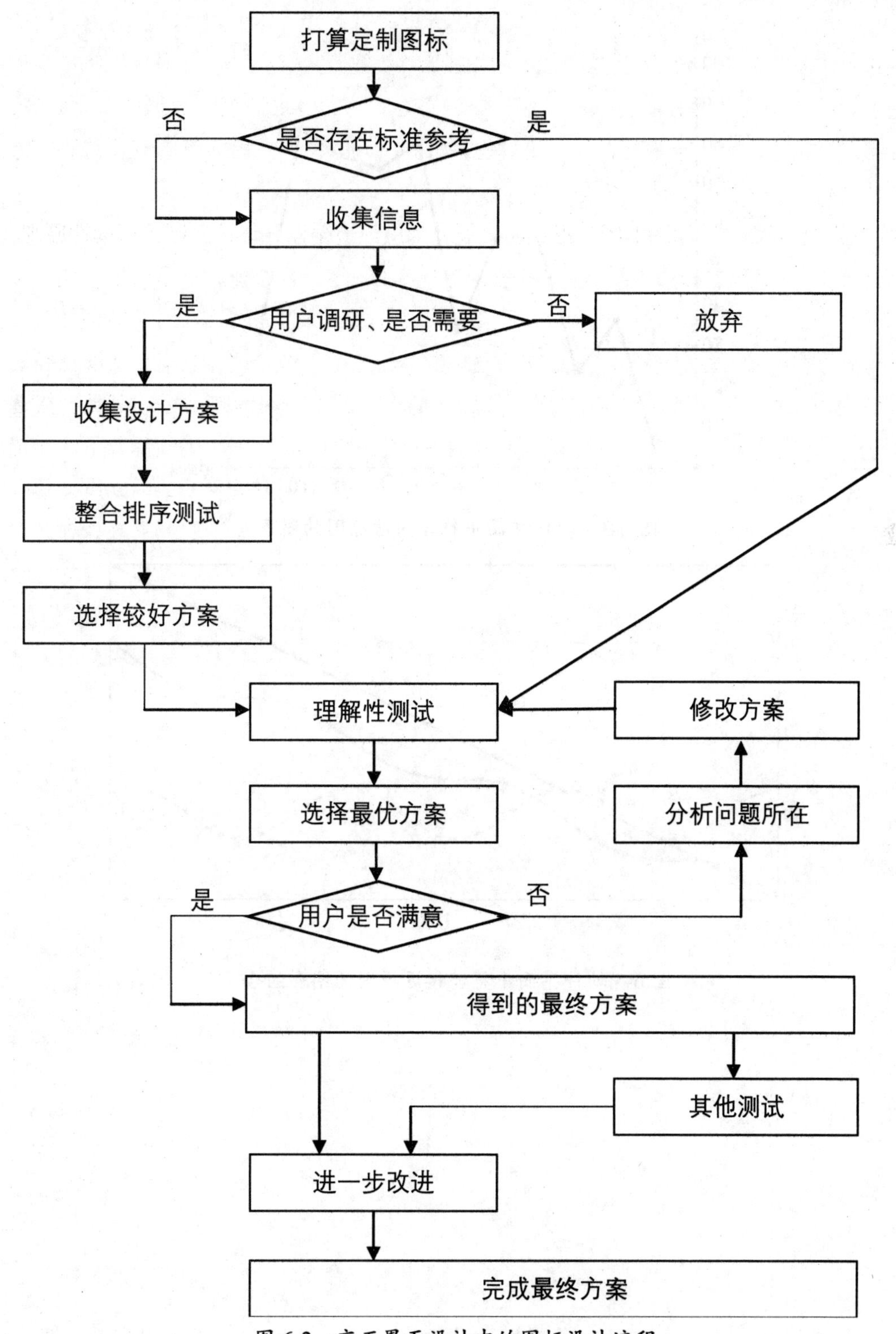

图 6-2 交互界面设计中的图标设计流程

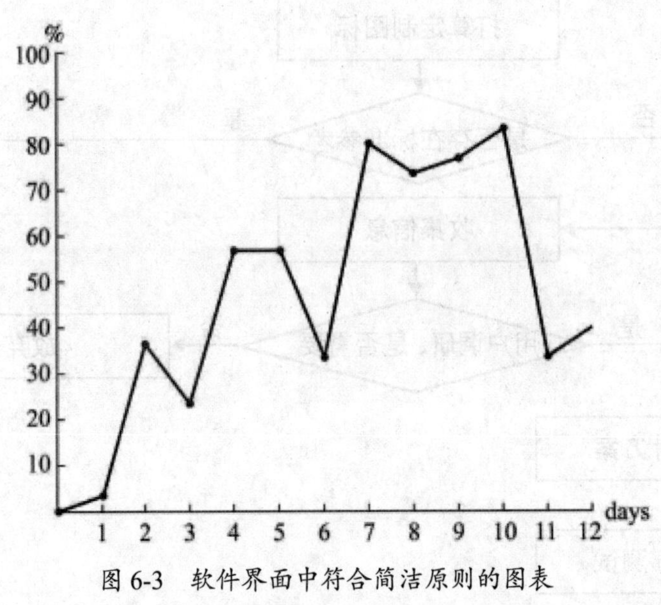

图 6-3　软件界面中符合简洁原则的图表

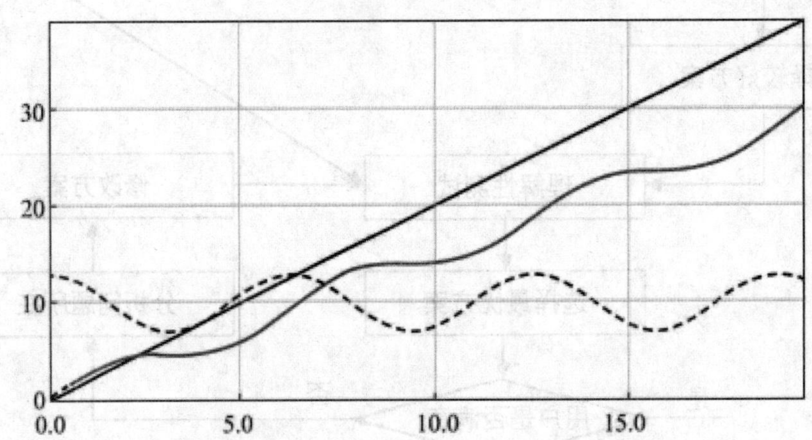

图 6-4 软件界面中符合接近原则的图表组合

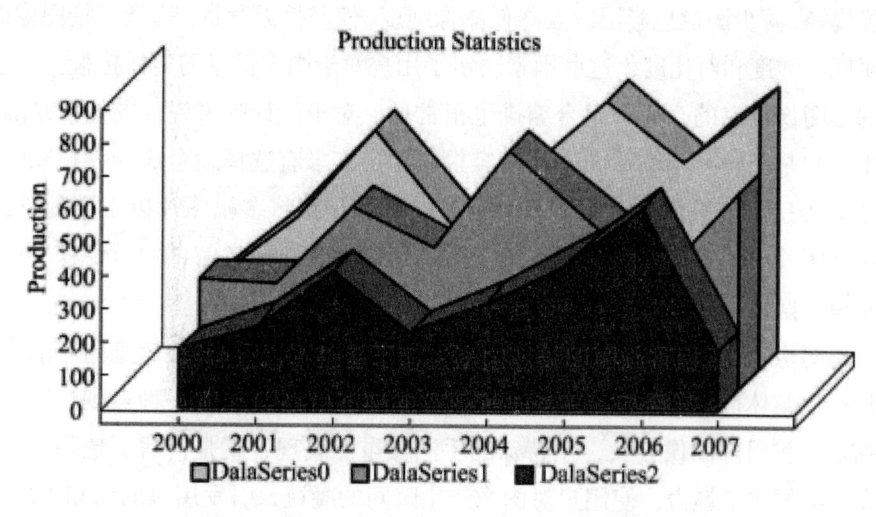

图 6-5　软件界面中符合视觉化原则的图表

5. 图形图像信息

在交互界面中的图形图像信息包括图片、照片、动画等，一般都来源于现实世界。图形图像信息往往有着具体、直观、亲切的视觉效果。图形图像信息在整个界面构成中占了很大的比重，视觉冲击力比文字强很多。图形图像的信息表达方式能够辅助文字信息，帮助用户理解，更可以增强交互界面的艺术感和真实感。

在交互界面设计中，图形图像信息的编排方式包括位置与大小的编排、退底与轮廓的编排、虚实与影调的编排、合成与组合的编排及局部与特写的编排等。

在交互界面设计中，图形图像信息的位置与大小编排非常重要。一般情况下界面的上下左右以及对角线的四角都是用户视线的焦点，在这些位置合理地运用图形图像的信息元素会增强界面的视觉冲击力，并使界面信息变得清晰、简洁和条理化。而图形图像信息面积的大小，直接关系到界面的视觉效果和情感的传达。一般要根据用户需求将重要的、能够吸引用户注意的图形图像元素放大，将从属元素缩小，这样不但可以增强视觉冲击力，还有助于信息内容的有效传递。

图形图像信息的退底与轮廓编排也很关键，图像的退底是将图片中所选的形象背景沿边缘裁减掉，退底后的形象呈自由形状，具有清晰分明的视觉形态，与其他背景信息搭配时，既容易协调，又容易突出该形象所传递的信息内容。图像的轮廓除了方形，还有圆形、椭圆形及上面所提到的各种自由形，这些图像结合视觉设计原则有效、合理地安排在界面当中会使界面更为活泼、新颖，在影响界面气氛的同时提高用户的认知兴趣。

图形图像信息的虚实与影调编排是一种常见的编排手法。图像的虚实对比能够产生空间感，实的物体图像用户感觉近一些，虚的图像感觉则远一些。图像虚化的方法有图像模糊、减少图像色彩层次及降低图像纯度，使其接近背景。影调是指图像的调子，包括明度、纯度和对比度，这些因素决定了用户对于图像信息的整体把握。

图形图像信息的合成与组合编排也很常见。对于设计师来说，图像信息的合成并不陌生，它是指将几幅图片的不同内容根据用户需求有选择地合成为一幅图像，合成后的图像传达的信息内容更加丰富。图像的组合是指将多幅图片以不同的方式摆放，形成一个图像群或图像组，用来传递更多的信息内容，图像信息的重要程度可以通过图像面积、摆放位置的不同来区分。

图形图像信息的局部与特写编排是一种非常有效地体现核心信息内容的方式。局部是相对于整体而言的，局部的图像能让用户的视线集中，有一种点到为止、意犹未尽的感觉。将局部图像放大，用特殊的手法做重点表现，就是特写。特写能让图像信息具有独特的艺术魅力，使用户对图像产生瞬间的凝视，引发用户的认知兴趣，“见微而知著”，从而更好地理解图像信息的本质内容。

（四）交互界面中视觉信息表达的相关技术研究——信息可视化的研究

1. 信息可视化的概念

信息可视化（Information Visualization）不仅仅是一种计算机的方法，它更是一个过程，它将抽象信息转换成视觉形式，使用户可以观察、浏览和理解抽象信息。信息可视化的典型形式是采取人机交互的模式，通过计算机进行信息处理，并通过人机交互过程中交互界面所呈现的交互式图形、图像和可视化元素来观察和识别抽象信息。它是用人的视觉系统来感知和处理信息的。

B.Shneiderman 认为信息可视化的能力是展示统计数据、股票交易、计算机目录或文献集合的模式、聚类、差别或孤立点。

P.Hanrahan 指出信息可视化的精髓是描写非空间数据的抽象和关系。

K.Andrews 认为信息可视化是为了便于消化和理解抽象信息的空间和结构而对信息的视觉表示。

总之，信息可视化是一个新的研究课题和研究领域，本小节是关于人机交互过程中交互界面所传递的视觉信息可视化的方法研究。信息可视化关注将抽象信息视觉化，通常用在真实世界里没有隐喻存在的环境中。现代研究表明，信息可视化是可视化技术的重要分支。信息可视化实际上是人与信息之间的一种可视化界面，是人机交互技术的重要组成部分。人机交互是研究人、计算机及它们相互影响的技术。可以说信息可视化是研究人、计算机界面所表现的视觉化信息以及它们相互影响的技术，它是可视化技术发展的必然结果，它涉及计算机图形学、图像处理、计算机视觉、计算机辅助设计等多个领域。

信息可视化主要服务于两个相互关联但是完全不同的目的：一个目的是为了交流

信息；另一个目的是采用视觉化的手段去创造或发现信息的内容，即利用视知觉的特殊属性去解决抽象的、逻辑的问题。因此，信息可视化不仅仅只是提供给人们一种浏览和交流信息的有效方式，更重要的是通过视觉化元素自身来体现问题、理解问题、解决问题。信息可视化就是为界面信息的认知提供了一种非常有效的途径。在信息可视化过程中，利用可视化技术将抽象信息转化成一种视觉形式，然后充分利用人的感知能力去观察、浏览、识别和理解信息。图 6-6 给出了信息可视化的一个参考模型。

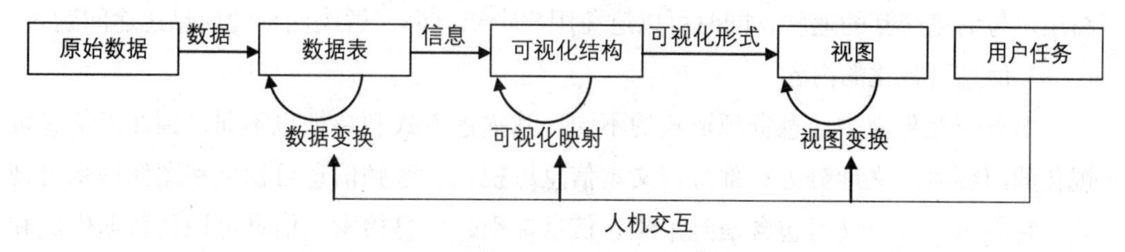

图 6-6　交互界面设计中信息可视化的参考模型

2. 信息可视化的应用

信息可视化在计算机技术、网络通信技术的支持下，以信息获取和认知为目的，在交互界面中对非空间的、非数值的和高维的信息进行交互式视觉表现。从它出现开始，就运用在信息管理的各个方面，是信息生产和消费的重要发展方向。信息可视化已经运用在交互界面的信息管理的各个环节，如界面信息组织与结构描述的可视化、可视化的信息检索与利用、界面中信息表达的可视化等。

交互界面设计中的信息可视化是将从各方面获得的海量的数据进行分析处理，形成图形的视觉形式的信息。其表现力和有效性是评估的标准。界面中可视化信息的结果应使所有的数据得到表现，而且没有其他的不必要的信息内容被引入；界面的可视化信息能够使用户充分发现数据之间的关系和理解数据。信息可视化方法的每一次演变都更有利于帮助用户去识别、接收界面数据所传递的信息内容。

交互界面设计中的信息组织与结构描述的可视化是对界面信息进行组织，帮助用户有效地获得其需求信息。信息组织与结构描述的研究内容包括信息系统内组织、标引、导航和检索体系设计的总和，为帮助用户访问信息内容并完成任务而进行的信息空间结构设计，为帮助人们查找、管理信息而对软件进行构造与分类。信息组织与结构描述是属于处理深层信息结构的信息活动，而信息可视化则是属于表层机制的对信息进行视觉化的信息活动。两者互相配合才能获得一个好的信息可视化结果。

信息检索的可视化应用主要是软件界面中信息检索结果的可视化、检索过程的可视化，以及交互、检索结构的可视化等。在信息检索的可视化过程中，从信息载体来看可分为图形、文字和声音检索，针对不同形式的多媒体将产生不同的可视化方法。总的来说，信息检索可视化系统内部由多个并列的模块组成，包括处理文本信息的模块、处理音频信息的模块和处理视频信息的模块。

界面中的信息表达是为了能够使信息为用户提供服务，它是根据用户的某一客观要求，有选择地从信息源中搜集信息，经过加工、处理程序，向用户提供一定范围内的信息及信息获取方式，以帮助用户选择、使用交互界面信息的一种可视化的应用。用户通过操作可视化控制来获得和识别原始信息，以达到交互的目的。这些交互技术可以用来定位数据、揭示数据中的模式、选择变换参数等。这些交互技术不仅可以提高用户与信息交互的速度，同时可以避免用户走错方向，解决用户的信息迷途问题。

3. 信息可视化的内容

由于交互界面中信息资源形式的不同，其描述方式和特征也不同，因此，信息可视化的内容可广义地分为三部分：文本信息可视化、音频信息可视化和图像信息可视化。它们每一部分又可包含信息采集、信息标引、信息检索、信息可视化数据生成和信息可视化界面展示等功能。交互界面设计中信息可视化的功能结构如图 6-7 所示。

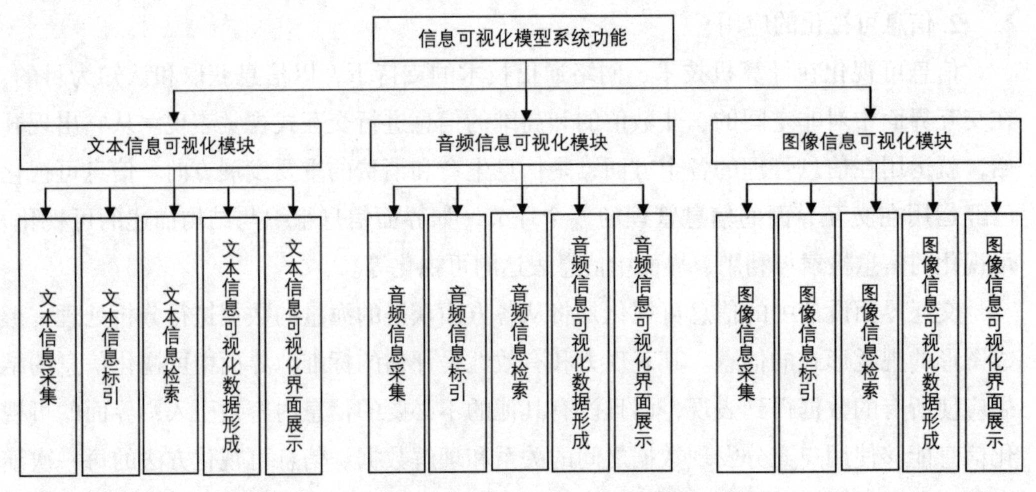

图 6-7　交互界面设计中信息可视化的功能结构

交互界面中的文本信息存在于大量各类文献当中，这些文献信息有着不同的特征，包括外部特征和内容特征。外部特征是指不反映文献实质意义的特征，内容特征是指表示文献实质意义的特征。文本信息的可视化是指把文献信息、用户提问、各类信息检索及信息检索的过程从不可见的内容语义关系转换成界面中的可视化视觉元素，以二维或三维的可视化形式在交互界面中显示出来，并向用户提供信息检索的帮助。图 6-8 是文本信息的可视化流程。

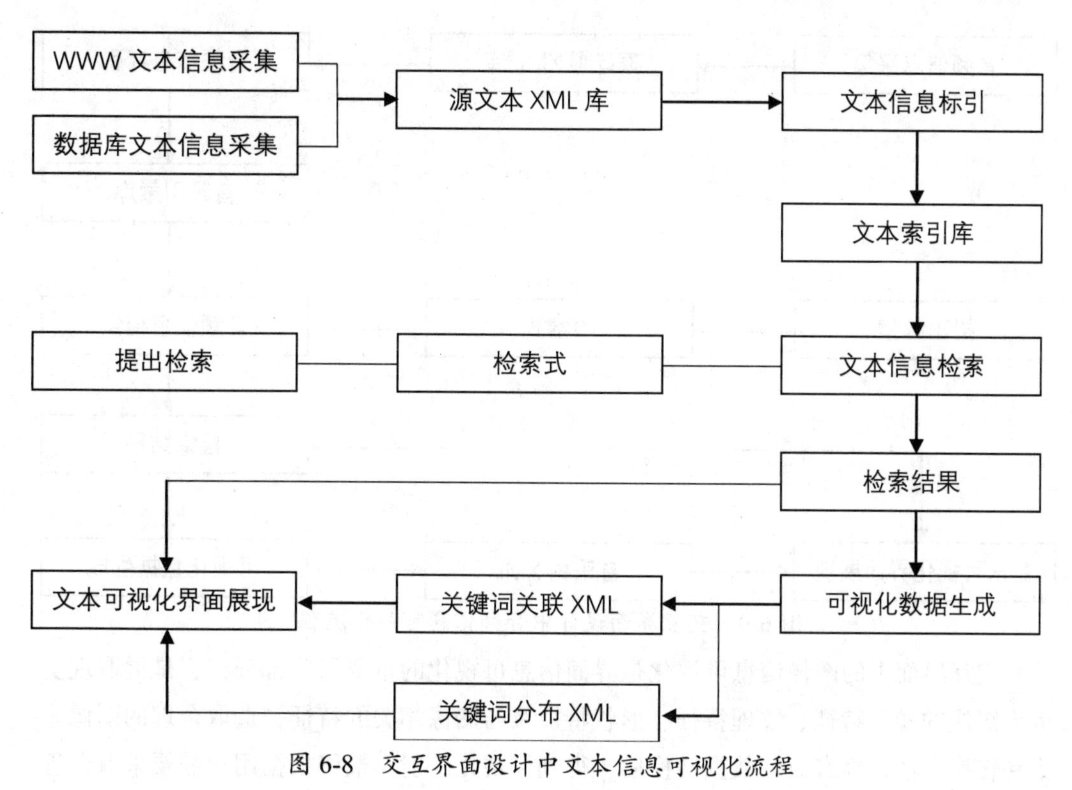

图 6-8　交互界面设计中文本信息可视化流程

交互界面中的音频信息是指对用户听觉感官产生反应的声音频率范围，是任何正常可听声波的频率。交互界面中的音频主要是指能够被计算机处理的、经过数字化的语音与音乐。语音是用户发出的区别意义功能的声音，是最直接地记录用户思维活动的符号体系；音乐是用户合成创造的非语音的人工声音，是通过人或乐器音响产生的声音的节奏、旋律及和声等。音频信息的数字化是通过计算机技术将声波波形转换成数据形式再现原始声音。音频信息的可视化是对音频信息进行识别，将其转换成相应的文本信息，再根据文本信息的可视化方法进行音频信息的可视化过程。图 6-9 是音频信息的可视化流程。

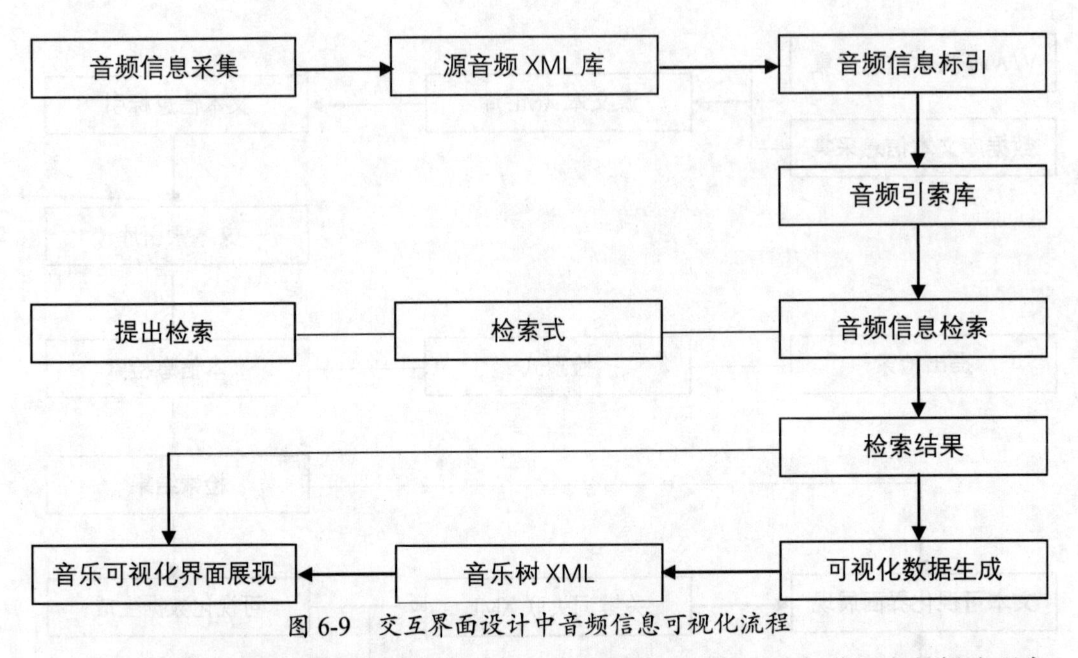

图 6-9　交互界面设计中音频信息可视化流程

交互界面中的图像信息可视化是界面信息可视化的重要组成部分，它是提取现实世界图像的颜色特征、纹理特征、形状特征及与图像相关的特征，选取合理的图像采集和转换方法，经有效的数据转换后，得到可视化映射，最终根据用户需要采取合理的界面表达进行显示。图 6-10 是图像信息的可视化流程。

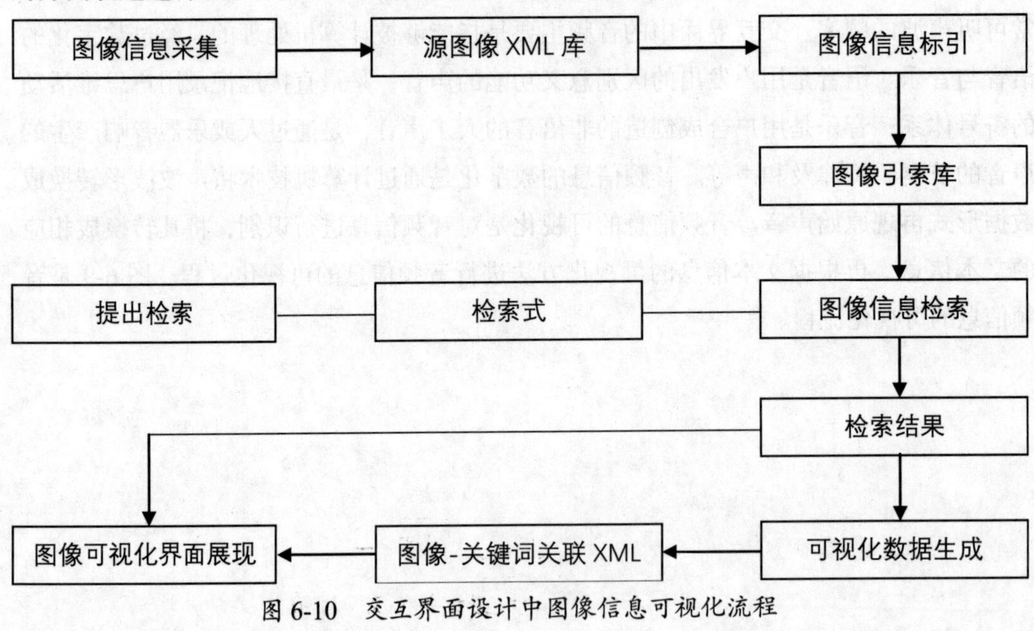

图 6-10　交互界面设计中图像信息可视化流程

二、听觉信息表达及设计对策

现代交互界面上的视觉信息内容日趋复杂化，这对于用户视觉感知的要求越来越高。用户在交互过程中，可能会因为视觉信息刺激负担过重而丢失重要的可用信息。这时设计师就需要通过选择听觉信息刺激来缓解用户的视觉信息刺激过重的负担。听觉信息在交互界面中作为视觉信息识别的有力辅助手段，具有非常重要的作用。研究表明，用户对于听觉信息刺激的反应比对视觉信息刺激的反应要快，因此在交互界面的信息传递中，在一定的条件下，对于特殊的信息，选择听觉传递比选择视觉传递更加有效。

（一）听觉信息的分类

交互界面中的听觉信息大致可分为两大类：语音信息和非语音信息。

语音是用户与现实世界进行交互的重要部分，也是交互界面中听觉信息传递的重要组成部分。用户可以通过口述来实现电话菜单中的导航，计算机可以通过扩音器以语音的方式将用户所需的信息反馈给用户，这种交互虽然很难和人与人之间的语言交互相比较，但它可以实现更加自然的人机交互过程。

语音信息交互的优点如下：用户习惯于运用口头的方式来进行交流，因为听说比记录要简单，并且更加快速。但语音信息交互也有一定的缺点：语音信息交互需要掌握广泛的语言知识，基于语音交互需要某种特定的语言知识才能实现有效交互，而语言有急剧升降的学习过程，特别是对于特殊人群，如年纪大的人、智障的人等，这些用户对于语音信息交互就有重大的障碍。有时交互设计师还必须考虑交互过程中的技术问题，处理和传输听觉信息的能力对那些处于特定情形的交流媒介的类型有相当大的影响，比如，在某些基于 Web 的应用中，可能宽带对基于视觉以外的其他交互方式都不够用。

用户依赖于听觉感知获得大量信息，其中很多不是基于语音的，而是非语音的。比如警示音、提示音等，用户会习惯性地、下意识地去监听非语音的听觉信息。在交互界面中的非语音信息具有一定的优点：它可以通知用户行为的成功、警告用户行为的危险，因为用户常常会通过听觉反馈来判断自身的操作状态，非语音信息由于比语音信息更加简洁，因此能够比语音信息更快地被用户处理，并且不需要依赖于某种复杂的、特定的语言知识。

非语音信息也存在一定的缺点：在交互界面的信息传递过程中，非语音信息所传递的信息内容可能是不明确的，可能被用户错误理解；非语音信息应该提前传递，被用户接受；而且，大多数非语音信息的识别与理解都是基于用户过去的经验和习惯，因此非语音信息必须是用户所熟悉的，因为非语音信息本质上并不传递信息，除非用户熟悉它们可能代表的含义，一个夹杂着不熟悉的非语音信息的界面很难被用户使用。还有就是用户的听觉感知不像视觉感知那么精确，用户不能很容易地分辨听觉信息的参数，如音量、位置、音质等的细微变化。可能某一个参数的变化会影响用户对于其他参数的体验，这将限制用户对于听觉信息刺激的感知分析，从而限制用户对于信息本身内容的理解。非语音信息刺激与其他听觉信息刺激一样，这种刺激都是短暂的，除非这种听觉信息能够形成连续的刺激，如果没有连续的刺激，将对用户的记忆造成额外的负担，会干扰其他界面任务对记忆功能的依赖，这样会限制非语音信息刺激运用在临时性的信息中。如果非语音信息刺激运用得不合理，它就可能存在令用户厌恶的可能性，这对于仅使用非语音信息来传递界面信息的交互过程将产生严重的后果。

（二）听觉信息的设计要求

用户对于交互界面中听觉信息设计的感知是对信息听觉表达的直观感受、传递和加工，最终形成对听觉信息刺激的整体认识的察觉、识别、解释过程。用户对于听觉信息刺激的识别过程与视觉信息刺激的识别过程相似，也可分为感知、认知和解释三个层次：感知是指用户仅仅发现了信息听觉表达的存在；认知是指用户辨别出所察觉的听觉信息刺激，这是把所察觉的听觉信息从其他听觉信息中进行辨别与区分，从而得到所需信息的过程；解释是指用户理解了所识别的听觉信息内容和意义，通过用户的听觉感官认知将信息内容从听觉信息刺激中分离出来，恢复信息内在含义的过程。要达到用户对于听觉信息察觉、识别、理解的有效性、便捷性，设计师应该在设计过程中注意以下条件：

1. 听觉信息的感知条件

影响交互界面中的听觉信息被用户感知的主要因素是周围环境的噪声与界面其他听觉信息的刺激。要合理处理主要听觉信息的强度以便与其他听觉信息刺激相区分，这就要注意主要听觉信息刺激的特征因素，如主要听觉信息刺激的音量、频率、瞬时特性及持续时间等。

2. 听觉信息的认知条件

影响交互界面中的听觉信息被用户认知的主要因素是相对于其他听觉信息刺激的声压级别、频率的变化、声源的位置及现场的声学特性等。用户对于听觉信息刺激识别的基础是对听觉信息刺激察觉的综合判断，也取决于交互界面中传达的听觉信息刺激的紧急程度。

3. 听觉信息的解释条件

影响交互界面中的听觉信息被用户解释的因素有很多，主要是受到用户训练的程度、用户对特定语言的掌握以及用户从以往的听觉信息刺激中所获得的经验与习惯等。

因此，交互界面中的听觉信息的处理一定要充分考虑用户的习惯，这一点很重要。

总体来说，交互界面中的听觉信息表达的要求是：听觉信息表达必须清晰可听，界面的听觉信息刺激应通过声音频率与强度的控制，能够引起用户足够的注意，并解决其他因素的掩蔽，使所传达的听觉信息清晰可听；听觉信息表达必须是用户可以分辨的，设计师应通过至少两种听觉信息刺激的声学参数的不同来区别环境噪声与界面中的其他听觉信息刺激；还有就是听觉信息所表达的含义必须具有明确性，界面中的每一个听觉信息刺激所表达的意义必须是明确和单一的，不能与界面中其他听觉信息刺激的含义相似或有矛盾，这样才能使用户准确地辨别信息内容，完成有效的信息获取。

（三）听觉信息的设计应用与设计对策

交互界面中的听觉信息表达的应用取决于用户对听觉信息刺激的反馈。如果用户认为听觉信息对有效完成任务和获取所需信息没有帮助，那么在界面中就没有必要采用听觉刺激的信息传递方式；如果听觉信息刺激给用户带来了不必要的烦恼或疑虑，那么信息的听觉刺激就应该被禁止；但如果听觉信息刺激给用户带来了信息认知效率或用户比较满意的体验，那么信息的听觉刺激就应该被考虑。

1. 语音听觉刺激的应用

语音听觉刺激可以为交互界面的视觉信息认知提供有效的帮助。语音听觉刺激可以被用来促进和加强用户实现功能的过程：它可以作为用户实施行为的源头，可以作为一种注释方法用于表达功能的目的，可以在功能使用或完成之后作为一种信息传递的方式。语音听觉刺激还可以被用来增强用户索引和搜索信息的能力，提高交互界面的使用效率。因为带有语音的文件能够比较容易地被搜索到，并为用户提供了使用关键字进行文件搜索的可能性。语音听觉刺激还可以为视力受损的用户带来信息认知和获取的可能，他们可以通过对语音信息的识别更多地参与到交互过程中，并进行决策。在交互界面中语音对于用户操作和使用的引导比文本和图形这些视觉元素更加有效，更有优势，因为现代交互界面的信息含量越来越大，界面的菜单结构也越来越复杂，运用语音引导会使用户更有效和更成功地完成信息搜索和实现功能。

2. 非语音听觉刺激的应用

在交互界面中的非语音听觉刺激可以广义地分为具体的非语音听觉刺激和抽象的非语音听觉刺激。具体的非语音听觉刺激是指在交互界面中应用自然界现实存在的声音，如流水声；而抽象的非语音听觉刺激是指由设计师通过工具创造的声音，如音乐声。

交互界面中用户通过具体的非语音听觉刺激可以获得与这些声音相关的现实生活中物体的有价值信息。通过参照现实生活中的对应物，给界面中的图标和行为指派了具体的非语音听觉刺激，如用户在选择一个文件时会产生轻轻的叩击声、拖拽文件时会产生刮擦声等。这种视觉和听觉结合的信息元素建立在现实世界信息的直觉联系基础上，因而除了用户日常经验外，用户不需要经过训练或先行学习相关知识，就能够在交互界面中产生丰富的交互体验，提高信息认知能力。当用户从视觉上注意界面中某项任务时，可以通过听觉反馈同时监督其他的任务，这为用户提供了与交互界面更强的结合感，增强了用户满意度。

对具体的非语音听觉刺激的设计有以下的要求：设计师应该使用短的、频率范围宽的和长度、强度及声音质量相等的具体的非语音听觉刺激；设计师应使用自由形式的测试来确定用户识别具体的非语音听觉刺激的难度，如果识别较难，要估计用户学习它的难易度；分析所代表信息的含义，检查是否与其他信息有冲突；用户必须能够识别具体的非语音听觉刺激的来源，熟悉的声音很容易被识别和记住；要确保具体的非语音听觉刺激的含义与所代表信息的含义相一致；要考虑用户对于具体的非语音听觉刺激的情绪反应；界面中的所有具体的非语音听觉刺激不能太相似。

交互界面中用户通过抽象的非语音听觉刺激可以加强视觉信息的关联，支持用户对于界面菜单层次和导航结构的理解与应用。在交互界面中，抽象的非语音听觉刺激的有效利用体现在：设计师可以将抽象的非语音听觉刺激放置在分级菜单结构中作为一个听觉层；抽象的非语音听觉刺激可以表示信息的对象和功能；抽象的非语音听觉刺激可以表示把一个动作应用于一个对象的行为等。交互界面中对于抽象的非语音听觉刺激的设计有以下原则：运用音色来区分不同的声音，并使用具有多个泛音的声音；要在声音中保持节奏，并使其具有持续性和颤音，单颤音不要太长；要保守地使用声音的强度，不要超过用户的听觉阈值；可以采用立体声来区别其他抽象的非语音听觉刺激。

在交互界面设计中，要合理利用具体的非语音听觉刺激和抽象的非语音听觉刺激，使界面具有一致的声音均衡系统的听觉表达是非常重要的。而且用户所熟悉的听觉信息刺激在很大程度上受到特定文化和地理位置的影响，因此设计师还应充分考虑到这一点。

3. 冗余听觉刺激的应用

交互界面中设计师可以将听觉信息刺激设置成伴随着用户操作行为和系统事件的发生而发出的反馈用户的声音。很多已有的成功的商业化交互界面，如 Microsoft Windows 或 Mac OS 等，都有这种设计，用听觉信息刺激来使交互界面变得更真实和具有响应性，从而增加界面的交互性和用户体验。这些听觉信息刺激有：用户操作图形按钮可以发出嘀嗒的响声；用户打开窗口时能够发出刷刷的响声；通过含有警告意义的听觉刺激指示用户操作的状态等。再如，现在很多手机界面中，不但设有这些听觉信息刺激，而且还能够让用户自己选择喜欢的声音作为某种信息的听觉刺激。这些交互界面中基本的听觉刺激显示层作为界面对于用户基本行为和系统进程的冗余信息刺激，对界面起着积极的作用：通过这些附加的听觉信息刺激帮助用户记忆信息；对于某些特殊任务，通过选择有效的听觉信息刺激来增加信息识别效率；能够帮助有其他感知缺陷的用户利用听觉信息感知来获取信息。设计师应该认真考虑这些附加的听觉信息刺激的介入，这些听觉信息刺激必须以一种积极的、有帮助的方式应用到交互界面中，而不是仅仅加入一些不能以有效方式增强用户体验或信息获取的无根据的听觉刺激。

（四）交互界面中听觉信息表达的相关技术研究

1. 声波

自然界中的声音和光线一样，都是由波构成的，交互界面中的听觉信息表达也是如此。频率和振幅是声波的两大特性，可以用来描述声波的传递。声波在 1 秒钟的时间间隔内所完成的周期数决定了它的频率，频率用赫兹来度量。用户听觉感知的声音的频率范围为 20 ~ 20 000 赫兹。声波的振幅是从波形中线到峰顶的距离，振幅的大小决定了用户听觉信息感知的声音的大小。完美的波形在自然界中是不存在的，都是通过人工合成的。

2. 交互界面中的声音

交互界面中的听觉信息刺激是由计算机所产生的声音信号或声波，它包括预先录制好的自然界的听觉信息刺激和通过计算机人工合成的听觉信息刺激。但计算机合成的声音常常具有机械的音质，而合成的声音优于自然存储的声音的一点是它不需要存储的空间，它是根据需要动态地产生的。

计算机声音合成技术还能用来合成语音，这种语音的合成技术可以使视觉的文字信息转化成听觉的语音信息，它可以帮助用户远程访问信息系统，可以帮助有视觉障碍的用户进行信息识别等。这种合成技术需要用户的参与，它是以人工产生的元音为基础，通过共振峰的算法合成模仿人类发音的过程。

三、信息表达的色彩应用与设计对策

交互界面中信息表达的色彩对用户的信息识别与理解有着至关重要的影响，信息表达的色彩设计也是交互界面设计的重要组成部分。交互设计师利用颜色帮助用户找到图标和按钮，利用色彩来组织安排界面的信息内容，对界面中的功能区域进行分类。交互界面中色彩的有效合理使用使得交互过程更加舒适。

信息表达的色彩设计在交互界面设计中作为一种有用的信息识别方式，它依赖于用户的感知，用户对色彩的感知是一个复杂的过程。一般而言，对大多数用户来说，他们的感知有着特定的特征和局限性，会因为个人的喜好不同有所不同。虽然色彩设计使得人机交互过程更加舒适，用户对于信息的获取和识别更加有效，但设计师一定要根据不同用户的不同感知能力和局限性进行合理的色彩应用，否则会给用户的信息识别带来烦恼，甚至会产生错误的信息理解，造成不可弥补的损失。

（一）信息色彩对用户的生理影响及设计对策

交互界面中信息色彩对用户的生理影响主要表现为对用户视觉感知能力和视觉疲劳的影响。在用户的色视觉中，用户可以根据视觉信息的色调、明度和彩度的一种或几种差别来辨识信息，色彩的运用可以提高用户对于界面信息的辨识度。当界面信息具有色彩对比时，即使视觉信息的亮度和亮度对比不是很大，用户也有较好的视觉识别能力，并且眼睛不易疲劳。但界面中颜色不宜过分强烈，以免引起用户的视觉疲劳，造成对信息识别的负面影响。在交互界面设计中选择视觉信息的色彩对比时，一般认为采取色调对比比较适宜，而亮度和彩度对比不宜过大。单就可能引起用户视觉疲劳的程度来讲，蓝、紫色最甚，红、橙色次之，黄绿、绿、蓝绿、淡青等色引起用户视觉疲劳最小。用户的色彩生理影响还体现在用户对于不同色彩具有不同的敏感度，一般情况下，用户对于黄色最为敏感，黑底黄色最易辨认。视觉信息色彩对用户的其他机能和生理过程也有一定的影响，如红色会使用户各个器官的机能兴奋和不稳定，促进和增高血压及加快脉搏；而蓝色则会使用户的各种器官的机能相对稳定，起到降低血压及减缓脉搏的作用。用户的生理机能的变化，对于用户的信息识别和理解有着很大的影响，因此，在界面设计中，设计师要根据用户的需求和用户的视觉生理特性合理选择视觉信息的色彩搭配。

（二）交互界面中的信息色彩心理及设计对策

在进行交互界面设计时，交互设计师还要充分考虑用户的色彩心理对于信息视觉表达的影响，这是交互界面视觉信息设计不可缺少的前提。美国著名心理学家安娜·比琳尼曾指出，视觉不仅依据周围的环境，也同样依据每一个人的感觉情况。也就是说，在交互界面中，用户对所获取的视觉信息的感觉是各不相同的，包括视觉信息的色彩给用户所带来的不同感觉，视觉信息的色彩对于用户理解信息内容有着很大的影响。但在交互界面设计中，对于信息的色彩设计不能只停留在用户的视觉感受上，更应考虑信息的色彩与用户的行为及心理之间的关系。

交互界面中用户对于视觉信息色彩的心理效应的产生因素是多渠道信息的交叉和综合，包括色彩本身的象征作用、用户在潜意识中将色彩与已有的记忆中的信息内容联系到一起产生的反应，以及用户的遗传因素等，它还受到用户自身经历、教育背景、文化素养、年龄结构、性格特征等多种复杂因素的影响。色彩通过影响用户的大脑来影响他们的信息识别，因此，色彩的心理作用因人而异，但对大多数用户来说是一致的。

在交互界面中，用户对于信息色彩的心理效应具有以下几个特征：整体性，就是说用户色彩心理反映的是用户对于客观信息的整体认识，体现客观信息的整体特征和风格；恒常性，指的是一旦用户的某种信息色彩心理得以建立，将在一段较长的时间内稳定存在，并以直觉的形式反复出现；理解性，指的是用户的色彩心理体现了对特定客观信息内容的理解，而理解程度取决于用户已有的经验和知识。

1. 交互界面中信息色彩的情感

交互界面中视觉信息的色彩本身是没有情感的，但当用户注视某个视觉信息时，由于视觉信息的色彩刺激，用户对于视觉信息的色彩会产生各种各样的情感。交互界面中，用户对于视觉信息色彩的情感，既有特定的，也有根据受到色彩刺激时的具体情况而变化的。因此，在交互界面中，用户对于视觉信息的色彩情感可分为两种：固有情感和表现情感。

固有情感作为用户对于视觉信息的色彩性质所产生的客观情感反应，对于大多数用户都是一致的，这种固有情感的效果反映在以下几个方面：冷暖感、轻重感、软硬感、强弱感、明快忧郁感、兴奋沉静感和华丽朴素感等。

表现情感是根据用户对于视觉信息色彩的主观意识而产生的其他情感，这些情感主要是用户对于视觉信息色彩的喜好和厌恶的感觉。用户对于交互界面中的视觉信息色彩好恶感的表现情感也各不相同，它既受到用户主观意识的影响，还受到用户年龄、性别、地区等因素的影响。美国色彩学家吉尔福德依据色彩的三属性对大量的低彩度颜色进行了好恶感的调查研究，总结研究并从色相、明度、纯度三方面进行分析得出：在色相方面，用户对于绿色到蓝色范围内的喜好度较高，在黄色附近的色域喜好度较低；明度方面，颜色的明度越高越受用户喜爱，颜色的纯度也与颜色的明度趋势一样，纯度越高越受用户青睐。

交互界面中，用户对于视觉信息的色彩表现情感的反应比较复杂，在交互界面的设计中，设计师应深入了解和研究用户的色彩喜好与传统习惯，经常性地进行色彩调研，掌握正确的色彩表征信息，这对于交互界面中的信息色彩设计至关重要。

2. 交互界面中信息的色彩象征与联想

在交互界面的信息传达中，信息的色彩表征非常容易带有政治、经济、文化、宗教等情感和象征因素。信息色彩表达的象征性及表现力，对大多数用户来说是具有共性的，但由于各个国家的地域、气候、文化、宗教、传统习惯的差异，信息色彩表达的象征性也有一定程度的不同。因此，在交互界面设计中，设计师了解和研究色彩对于信息内容的象征意义及表现力，对于在交互界面中信息色彩语言的运用和表达是非常有帮助的。设计师可以充分运用色彩的象征性和表现力，将所希望表达的视觉信息内容通过色彩的辅助传递给用户，使用户对于界面的视觉及心灵体验感到满足和享受。

日常生活中，各种颜色的名称通常用具象的色彩物体予以表达。这些色彩的命名，都是因为人们在日常生活中对物体色彩的共同认知，还有这些色彩非常容易使人们联想到这些物体。因此，当人们看到某一种颜色时，会通过色彩的联想，使人回忆起各式各样的事物。在交互界面设计中，视觉信息色彩的联想与用户的日常生活经验紧密联系在一起，它既受到用户经验、记忆、知识等方面的影响，也与民族、年龄、性别有关，还要涉及用户的性格、生活环境、修养、职业和嗜好等方面的因素。但色彩的联想也具有共性。色彩的联想主要分为两类:具象联想和抽象联想(见表6-7和表6-8)。具象联想是用户受到界面某种视觉信息的色彩刺激时与客观世界中的某种物体联系起来；抽象联想是指用户受到界面某种视觉信息的色彩刺激时联想起记忆或经验中的某一种抽象概念或感觉。在一般情况下，文化程度高、年龄大的用户抽象联想比较多，年龄小、文化程度低的用户具象联想比较多。在交互界面的色彩设计中，设计师只要准确把握和运用色彩联想的功能，就能加强界面信息的传递与用户识别的能力。反之，如果运用不当，就会引起用户对于信息理解的错误，造成不必要的麻烦。

表6-7　交互界面设计中对于色彩的具象联想

颜色	具象联想
红	联想到火、血、太阳……
橙	可联想到灯光、柑橘、秋叶……
黄	可联想到光、柠檬、迎春花……
绿	可联想到草地、树叶、禾苗……
蓝	可联想到天空、水……
紫	可联想到丁香花、葡萄、茄子……
黑	可联想到夜晚、墨、炭……
白	可联想到白云、白糖、面粉、雪……
灰	可联想到乌云、草木灰、树皮……

表6-8　交互界面设计中对于色彩的抽象联想

颜色	具体联想
红	可联想到热情、危险、活力……
橙	可联想到温暖、欢喜、忌妒……
黄	可联想到光明、希望、快活、平凡……
绿	可联想到和平、安全、生长、新鲜……
蓝	可联想到平静、悠久、理智、深远……
紫	可联想到优雅、高贵、重要、神秘……
黑	可联想到严肃、刚健、恐怖、死亡……
白	可联想到纯洁、神圣、清净、光明……
灰	可联想到平凡、失意、谦逊……

（三）交互界面中信息色彩的辨识

在交互界面中，经常会通过视觉信息的色彩对比来突出主要信息的内容。这种对比差异越大，效果越明显，信息越突出。在交互界面的色彩设计中运用色相对比、纯度对比、明度对比、冷暖对比、面积对比、形状对比、综合对比等对比手段，达到界面特殊的视觉效果。在视觉信息的设计中，视觉信息的配色对比度即配色视认度对于信息的表达至关重要。好的配色视认度能使用户更易辨别界面中的视觉信息。表 6-9 和表 6-10 分别是视认度高的配色次序表和视认度低的配色次序表。

表 6-9　交互界面设计中视认度高的配色次序表

次序配色	1	2	3	4	5	6	7	8	9	10
背景色	黑	黄	黑	紫	紫	蓝	绿	白	黄	黄
信息色	黄	黑	白	黄	白	白	白	黑	绿	蓝

表 6-10　交互界面设计中视认度低的配色次序表

次序配色	1	2	3	4	5	6	7	8	9	10
背景色	黄	白	红	红	黑	紫	灰	红	绿	黑
信息色	白	黄	绿	蓝	紫	黑	绿	紫	红	蓝

在交互界面中，视认度高的色彩并不一定是用户关注度高的色彩，因为容易被识别辨认的色彩，不一定会对用户有吸引力而引起用户的关注。视觉信息色彩的关注度取决于该视觉信息色彩的独立特性和它在周围环境中惹人注意的程度。表 6-11 是交互界面设计中基本色彩的可辨识特性分析。

表 6-11　交互界面设计中基本色彩的可辨识特性分析

色彩	可辨识特性
红色	红色的视觉信息纯度高，注目性高，刺激作用大，能增高用户血压，加速血液循环，对于用户的心理产生巨大的鼓舞作用。
橙色	橙色的视觉信息刺激对于用户的影响虽然没有红色的大，但它的视认性、注目性也很高，是用户普遍喜爱的色彩。
黄色	黄色的视觉信息是最为光亮的信息刺激，在所有的色彩刺激中明度最高，它的明视度很高，注目性高，比较温和。
绿色	绿色的视觉信息明视度不高，刺激性不大，对用户的生理作用和心理作用都极为温和，因此用户对绿色的接受程度也很大。
蓝色	蓝色的视觉信息刺激注目性和视认性都不太高，但蓝色的视觉信息刺激给用户冷静、科技、深远的感觉。
紫色	紫色的视觉信息刺激富有神秘感，容易引起用户心理上的忧郁和不安，但紫色又给用户以高贵、庄严之感，所以女性用户对紫色的喜爱度很高。
白色	白色的视觉信息刺激因明度高而使得明视度及注目性都相当高，由于白色为全色相，能满足用户视觉的生理要求，因此与其他色彩混合来表达信息内容均能取得良好的效果。
黑色	黑色的视觉信息刺激很少单独出现，但是与其他色彩配合能增加信息刺激的程度，能对用户理解信息提供帮助。

续表

色彩	可辨识特性
灰色	灰色的视觉信息刺激是最值得重视的，它的视认性、注目性都很低，所以很少单独使用，但灰色很顺从，与其他颜色的视觉信息刺激配合可取得良好的信息传递效果。

（四）交互界面中的色彩应用及设计对策

在交互界面中，色彩能够使信息更易理解，如果使用适当，能够帮助用户找到信息并完成困难的决策任务。然而，设计师必须谨记并不是所有的信息识别通过增加颜色就能够得到帮助。此外，当色彩发挥优势时，设计师一定要根据用户生理、心理的需求以及信息的内容选择色彩的使用。设计师要明确在哪些情况下使用什么色彩会提高用户对于界面信息的感知和识别，要确定哪些色彩的使用是最合适的。这样才能达到使用色彩的目的。根据用户的经验，在交互过程中在以下几种情况下要适当地应用色彩：

1. 界面中的信息排布

在交互界面中，色彩能够用来创建信息结构和子系统。用户能够使用色彩来对视觉信息进行分组，并保持它们之间的联系。一个保持一致并且易于理解的色彩刺激能够使用户更容易地了解信息之间原本难以理解的内在联系。色彩能够在界面中帮助用户明确视觉信息之间的不同和相似性，从而传达它们之间的联系。在交互界面中，色彩刺激可以用来帮助用户理解一个逻辑的信息结构，但受到界面视觉元素数量、形状、大小和位置的影响。设计师应用适当的色彩刺激可以提高用户对于界面信息意义和结构的理解能力。色彩刺激可以用来辅助显示多个变量的信息内容，这样可以很方便地表示额外的信息，特别是当有两个变量以上的信息内容时，色彩的应用更加有效，这样能够使用户更快地做出正确的决断。

2. 界面中的信息搜索

在交互界面中，色彩可以帮助用户搜索所需的信息内容。设计师可以通过使用色彩刺激来增加界面中视觉元素的效果，从而用来强调主要和重要的信息内容，一种明亮的或大形状的色彩刺激可以吸引用户的注意力，也可以通过前面我们所分析的色彩的可识别性来使用引人注意的色彩刺激。这样可以使用户在还没有理解刺激是什么之前就已经感受到了刺激的强度，充分吸引用户的注意力，在界面中用这种方法可以有效地帮助用户搜索信息。

3. 界面中的信息理解

在交互界面中，色彩的运用可以增加用户对于界面信息的理解。如果在界面中根据用户视觉感知的能力适当地运用色彩刺激能够更加快速地、清楚地传递信息，能够有效地减少用户对于信息内容理解的误差，并且可以避免误解。但是，色彩刺激不是单独使用的，而是要与视觉元素的其他变化，如大小、形状和位置等共同发挥作用。

这样，色彩刺激就能够帮助用户理解较为复杂的信息结构和内容。因为用户可以利用对于色彩刺激的比较来帮助理解复杂的信息结构，色彩刺激能够使复杂信息结构的模式、关系和差别显而易见，从而帮助用户学习、识别和理解复杂的信息内容。色彩刺激还能够用来帮助用户回想信息，用户通过对色彩刺激的记忆来回想和识别界面中具有这种色彩刺激的信息内容，提高对信息的理解。

4. 多变量组合使用

在交互界面中，色彩刺激可以提高人机交互过程的质量，但也可能会制造麻烦，如色彩错觉可能引起信息误解等，有效避免产生与色彩刺激有关的麻烦的方法是运用多种变量的组合。在交互界面中，仅仅依靠色彩来定义信息结构，将会有很大的风险，尤其是对于色视觉有障碍的用户，此时的信息结构可能是不可见的。因此，一个清晰的信息结构和表达必须在应用色彩之前就已经存在了，并且已经对其有效性进行了测试，在已有信息表达有效的情况下再使用色彩刺激来加强信息传达的效果，色彩刺激在交互界面中是一种可行的辅助用户对于信息识别的手段，它是已经存在的信息表达的辅助显示。在交互界面中，色彩刺激必须和其他表达方式共同作用，不能够孤立存在，因为，研究表明，当信息的表达运用多一种方式时，用户更容易发现它、识别它，如果用户用多种感觉共同去感知信息，将获得更为完善的交互过程。

（五）交互界面中的色彩应用原则

在交互界面中应用色彩设计，不但要满足用户生理和心理上的需求，还要考虑所表达信息内容的要求，虽然没有统一的交互界面的色彩设计标准，但设计师在实际的色彩设计过程中应该遵守一些基本的原则。

1. 色彩设计应考虑用户的审美倾向

在交互界面中的色彩设计需考虑界面使用者的审美情趣，这实际上是整个界面色彩风格的统一定位问题。设计师应该首先确定交互界面的使用者人群，并对使用者的审美倾向进行充分调查研究，在对用户审美倾向有了一定认识的情况下，再开始界面信息的色彩设计。因为不同用户对交互界面的色彩认知存在较大的差异，设计师不能一概而论，符合用户审美情趣的界面信息的色彩刺激会激发用户注意、识别界面信息的兴趣，从而增强界面信息的传递。

2. 色彩设计应考虑界面信息的内容

在交互界面中信息的色彩刺激应与所表达的信息内容具有一定的内在联系，这样才能通过色彩的倾向和联想来突出界面信息的含义，使用户能够在情感上达到信息认知的共鸣，从而增强用户对信息的理解。有时候可能界面中的色彩刺激应用并不与信息内容相关联，而只是为了突出信息，吸引用户的注意力，这种情况下设计师要特别注意对色彩刺激的合理运用，在避免造成用户对信息误解的前提下使用，并且不能过多地使用。

3. 色彩设计应考虑界面信息的功能

在交互界面中信息的色彩刺激应与所表达信息代表的功能保持一致，这样才能使用户正确、有效地实施行为，避免误操作，促进信息的搜索、识别和传递。不当的色彩刺激可能会引起不必要的麻烦，给用户的交互行为造成障碍，降低界面的可用性，造成用户的不满。

4. 色彩设计应考虑界面信息的结构

在交互界面中信息的色彩设计一方面在界面构图上要达到一定的形式美感，如界面重心的稳定感、界面布局的均衡感、界面比例的统一与变化、视觉元素的条理与节奏等，这样可以引起用户的快感，并激发用户的情感与信息的内容识别相呼应，给用户以舒适的交互体验。但还要注意界面已经确定好的信息结构及交互模式，设计师应该采用合理的色彩设计来辅助用户对信息结构的理解，使复杂的信息结构简单化、易识别，促进用户的信息搜索和界面功能的有效实施。

第七章　交互界面的设计模型建立与设计对策

第一节　交互界面的概念

人机交互过程中的交互界面是指人与计算机软件进行信息交互时的载体。人在使用软件过程中不必考虑软件的内部算法和数据结构，只需按照自己的经验和已有的计算机使用知识，通过软件界面，实现人和计算机的信息交流和特定的操作，以完成具体的任务。所以说，交互界面设计的发展推动了计算机的普及，它把计算机技术简单化、视觉化，使深奥复杂的计算机数据、程序及语言变得便于用户使用和直接控制。

交互界面又称为非物质界面或数字用户界面。软件是相对于计算机硬件提出的，它是一系列按照特定顺序组织的计算机数据和指令的视觉化集合。交互界面的概念、形式及存在方式与硬件交互界面有着很大的差异，但硬件交互界面与交互界面都是人机交互过程中信息传递的载体，都是人机系统设计的关键，直接影响到计算机的可用性和用户的满意度。但在人机交互过程中，交互界面设计的实现离不开计算机硬件技术的支持和硬件界面的辅助，如选择功能菜单需要点击鼠标来完成，填写文本表格需要用户敲击键盘来实施，这些都形象地说明了这一点。

交互界面设计的中心是用户，设计师应当充分考虑用户基于软件界面进行信息交互时相应的方式方法。软件界面设计的质量直接关系到人机交互系统性能的充分发挥，以及用户能否准确、高效、轻松、满意地通过交互界面获取和识别信息，从而正确地指导用户的行为。好的软件界面设计应符合用户的生理和心理特点，其界面应该是直观的、易识别的，用户在首次使用时对于界面信息的排布和功能划分应该一目了然，不需要过多的培训和学习就能够轻松地掌握和使用。不良的软件界面设计会妨碍用户与计算机之间的信息传递，甚至会导致用户对于使用的厌恶，从而降低信息交互的效率。因此，在人机交互过程中，为达到信息的快速、有效传递，设计师对于交互界面的设计研究是非常必要的和重要的。

第二节　交互界面的特性

在人机交互过程中，交互界面与硬件交互界面或其他形式的界面一样，都有着其界面的特有属性，设计师只有认识和了解了交互界面的特有属性，才能结合设计的方法与原则对其进行设计。这样的设计结果才能充分体现出界面的特性，使得界面有效地发挥它的功能。经研究分析，笔者总结出交互界面应具有以下特性：

一、交互界面的可视性

交互界面的基本属性就是其可视性。用户从交互界面中获取信息主要是通过视觉感官来实现的，交互界面的可视性为用户与界面信息之间搭建了有效的、宽阔的交流平台。设计师只有将抽象信息内容通过计算机可视化技术转化成为用户可见的视觉信息元素显示在交互界面中，使用户易于发现信息的存在，并且能够把所察觉的信息从其他信息表达中区分出来，才能使用户有感知信息的基础，才能进一步通过视觉感知去理解信息，从而指导用户行为。因此，可视性是交互界面的最基本属性。交互界面中的可视化信息元素的表现形式为文本、图形图像、动画、视频等，而声音也常常被当作一种重要的信息识别的辅助手段运用于交互界面之中。

二、交互界面的交互性

交互界面作为人机交互过程中信息传递的重要媒介，其交互性是其根本属性。人机交互方式是指人机之间交换信息的组织形式或语言方式，又称对话方式、交互技术等。用户通过呈现在交互界面中的不同的交互方式，通过交互行为实际完成用户向计算机输入信息以及计算机向用户输出信息。交互界面应向用户提供主动或被动的交互方式，如用户向计算机发出指令，交互系统接收指令信息并给予反馈信息，用户接收反馈信息。系统的反馈信息可以指导用户的行为，使用户对界面信息内容更理解。软件界面中的交互性应该是灵活的，用户可以根据自己的需求来选择交互的方式，从而使信息的传递更加快速有效。目前交互界面中常用的交互方式有问答式对话、菜单技术、命令语言、填表技术、查询语言、自然语言、图形方式及直接操作等。以上的交互方式很多沿用了人与人之间的对话所使用的技术。随着计算机技术的发展，目前广泛用于人与人之间对话的语音、文字、图形、图像、人的表情、手势等方式，也已经或将要被未来的软件界面设计所采用，这将是人工智能及多媒体技术的研究内容。

三、交互界面的可用性

交互界面的可用性是交互界面的质量属性，是用户实际操作交互界面进行信息传递时，用户对于界面质量的度量，它反映了用户界面方便使用的程度，包括用户在实际使用交互界面时界面操作学习的简易性、使用效率、可记忆性、出错性及用户的主观满意度等。界面操作学习的简易性应使一个没有使用过此界面的用户能在较短的时间内完成所需的交互操作；使用界面的效率指的是一个对此界面有使用经验的用户再次使用此界面完成所需信息交互行为的快慢；可记忆性指的是用户在使用过此界面后能否记住其操作模式和交互方式，以至在下次使用时不必再去学习它；出错性指的是当用户在使用此界面时，用户出错的频率和错误的严重程度，出错性越低，界面质量就越高，并且需要界面有允许用户出错的应对机制；用户主观满意度指的是用户在使用完界面后对此界面的喜欢与厌恶程度，以及界面的使用是否安全、舒适等。

第三节　影响交互界面的设计的外部因素

在交互界面设计过程中，作为信息传递的媒介，它受到多种外部因素的制约，设计师在展开设计之前要充分考虑到这些外部因素的影响，这样才能使设计最终能够有效地实现。这些外部因素主要包括用户的信息认知行为特征及信息处理的特点、计算机硬件条件即交互介质的影响等。

一、用户的信息认知行为特征及信息处理的特点

用户的信息认知行为特征及信息处理的特点是设计交互界面的重要约束条件，这些约束条件直接反映在用户界面的设计原则上。我们对用户的认知行为及信息处理过程进行了分析和阐述，这里概括几点用户在交互界面中的认知行为及信息处理的主要特点。

用户信息接收的有限性：用户对于界面信息的感官接收能力是有限的，它只能够接收一定容量的信息刺激，如果界面传递的信息刺激的数量远远超过用户感知系统的信息容纳能力，则会有大量的信息刺激被用户过滤掉。并且过量的界面信息刺激会导致用户的感官疲劳，从而引起用户对信息刺激觉察的反感，致使用户拒绝接收信息。

一般说来，用户通常能有效地记忆 4 ~ 7 个信息块。（信息块：信息从媒体传播角度被划分的基本单位，可用语义单元表示）。因此，在界面信息传达时，要尽可能将用户所需的主要信息刺激突出，与其他不必要的信息刺激区分开，使用户能够及时、有效地接收界面的信息刺激，从而展开进一步的信息识别与理解。

信息接收的目的性与指向性：用户在接收界面信息的过程中，很大程度上会受到先前已有信息感知和认知经验及习惯的影响，使其对于界面信息刺激的接收具有一定的主观性。用户在界面中搜寻所需信息的过程中，界面信息的表达应该为用户提供准确的信息提示或暗示，并且应使这种提示或暗示能够与用户识别之后的结果相符合。这样才有助于用户再次建立认知经验，对用户的信息识别和交互体验也有一定的促进作用。

信息刺激的符号化接收：从用户的信息认知及处理的分析中得出用户的信息接收、存储和记忆都是通过符号化的信息处理来完成的，这是认知心理学的典型主张和理论，也就是说界面信息刺激被用户感官接收后，是以概括后的符号单位形式进入大脑并加以处理的。这是用户的一种本能性的简化思维方式，对用户的认知行为有积极的促进作用。符号是界面信息刺激的某种抽象指代，如数字、文字、图形、记号等。

用户思维的逻辑性：用户接收大量界面信息刺激后会自动将信息刺激按照一定的标准分类，并划分为层级式的逻辑推理结构，用户的认知系统会将所接受的符号化的信息刺激按内容、类型、主次关系进行分组和分类，并分别传送到不同的认知处理器进行深加工。用户的这种逻辑性的认知行为是一种非常有效和合理的信息管理和识别方式。

信息处理的关联性：在用户头脑中所接收的界面信息刺激是按照多维度的网络方式相互关联的。用户在接收界面信息刺激的过程中，习惯性地将有密切联系的信息刺激相关联。用户的这种思维特性也成为交互界面设计中交互结构和信息布局的直接参考依据。

二、计算机硬件条件即交互介质的影响

在交互界面设计过程中，交互界面信息的传递还受到计算机硬件设备的直接影响。交互界面信息刺激的显示更是如此。信息的传递主要通过计算机的输入输出设备来完成。一般情况下计算机的输入设备指的是完成用户向计算机传送信息的媒介，常用的输入媒介有键盘、鼠标、光笔、跟踪球、触摸式屏幕、操纵杆、图形输入板、声音输入设备、视线跟踪器和数据手套等。输出设备是指完成计算机向用户反馈信息的媒介，常用的信息输出媒介有 CRT 屏幕显示器、平板显示设备、投影仪、头盔显示器、电视

眼镜、声音输出设备、打印输出设备等。

在交互界面设计过程中，对用户信息接收和识别影响最大的是计算机显示设备。因为大部分的交互式计算机系统如果没有显示屏，那将是不可思议的，交互界面中的信息表达主要是通过计算机显示屏呈现给用户的。软件界面中信息刺激的表达受到显示器的大小及分辨率的影响。显示器的大小影响了交互界面的信息容量，设计师应尽量将同一级页面的信息表达同时显示在显示器中，如果所有的信息刺激不能在用户的显示器上完全显示出来，设计师可以使用滚动条来加大页面的显示区域。这时用户就只能通过移动软件界面中的水平或竖直方向的滚动条才能看到界面上的所有信息内容。这样的设计给用户造成了使用上的不便，同时，如果用户忽视了位于界面边缘的滚动条的状态，则很可能会造成用户对某些重要信息内容的忽视而导致整个交互界面的可用性问题。通常情况下用户在使用交互界面时往往习惯对屏幕内容进行纵向的滚动翻阅，很容易忽略水平方向的滚动条的状态。因此设计师在设置滚动条时要注意除非万不得已，应尽量减少滚动浏览的情况出现；如果要使用，应尽量避免让用户使用水平方向滚动条。显示器的分辨率也影响了显示器的显示范围，对于同一显示器，分辨率越大则显示范围越大，分辨率越小则显示范围越小。但对于同一软件界面来说，大分辨率将缩小信息表达的范围，从而使信息表达的可识别性降低。因此，用户应根据自身的识别能力和习惯来选择显示器的分辨率大小。现今，很多显示器已经显示 1 024 × 768 像素或更高的分辨率，还有相当数量的用户使用 800 × 600 像素分辨率的原因可能是由于显示器硬件的最高分辨率极限，也往往是某些用户尤其是视力较弱的用户的设置。

第四节　交互界面的设计原则

为了在软件交互过程中合理、正确地使用界面信息结构和功能命令，设计师应该使用一些原则来指导界面设计过程中需要做出的设计决定。这些原则可以帮助设计师对交互界面的外观和功能的设计做出决策。同时，在需要权衡设计利弊时，它们也能起到辅助的作用，而且设计原则还有助于整个设计团队成员对于设计决策正确性的认同。设计原则能够为设计师建立更为直观的设计过程。以下是根据交互界面的特性，以及综合分析现有交互界面设计原则后整合出的交互界面设计应遵循的基本原则。

一、界面可视性应用原则

（一）视觉宜人化原则

交互界面中的信息表达大多都是通过视觉元素来呈现的，因此在通过计算机可视化技术将抽象的信息内容转化成交互界面中可视的视觉元素时，应使视觉元素刺激符合用户的视觉感官能力，应充分考虑用户对于视觉信息刺激的生理和心理作用，从而合理把握视觉化信息元素的类型、形状、大小、色彩等表现因素的运用。

（二）排布合理化原则

在交互界面设计中，设计师应将纷繁复杂的视觉信息合理分组，进行有效排布，使用户对于界面有完整感。信息结构合理、分组自然的交互界面易于用户信息交互过程的实现。设计师在进行界面信息排布设计时应将功能相似的视觉元素放置在一起；应将具有相似特点如大小、形状、颜色等的视觉信息分配在同一组中；应将一起运动的视觉元素视为是相关的（这里一起运动的视觉元素是指开始、方向以及结束的表达方式一致的信息内容）；应将视觉信息视为平滑的、连续的而不是经常变化的元素进行处理；应将很小区域的所有视觉元素视为整体图形来处理；应将对称区域的所有视觉元素视为整体来处理；应将被环绕的视觉元素视为主体元素，而将环绕它的元素视为背景进行处理；应将被空白区域围绕的元素看作整体进行排布等。最重要的是设计师应运用最简单、最稳定、最完整的信息排布方式来帮助用户理解和识别界面信息构架和信息内容。

（三）色彩适宜性原则

在交互界面设计中，设计师应该时刻牢记色彩对于用户的信息识别起到的是辅助作用，而不是主体表达作用。设计师应该熟练掌握色彩的属性，充分把握色彩对于用户的生理、心理和情感的影响，理解色彩的表征和联想作用。在利用色彩刺激辅助表达信息含义时，确保信息色彩刺激与用户审美倾向的统一，确保信息色彩刺激与界面信息内容的统一，确保信息色彩刺激与界面信息功能的统一，确保信息色彩刺激与界面信息结构的统一。

（四）界面美观性原则

美观舒适是所有交互界面都要追求的目标。它取决于设计师的艺术鉴赏力和设计能力。但对于交互界面这样一个承载着纷繁复杂的信息内容的信息交互载体，对于界面美观的要求有时并不那么重要，但在信息传递允许的情况下，美观舒适是任何交互界面的追求，可以肯定的是美观的界面设计将会为用户营造一个舒适的交互环境，会有效提高用户的信息认知以及用户的满意度。

二、界面交互性应用原则

（一）易学性原则

易学性的主要内容是使交互界面具有直观性。功能直观、操作简单、状态明了的交互界面才会使用户一看就明白，一学就会。设计师在注重交互界面内部结构与模块划分合理性的同时，要充分注意交互界面的易学性。交互界面应向用户提供有利于学习的操作规则和基础概念；应向用户提供各种学习的方式，如基于理解的学习、在操作中学习、按照示例进行学习等。应提供用户再学习的工具，如对用户频繁操作的命令提供快捷方式等；应提供不同的方式帮助用户熟悉交互的要素等。

（二）灵活性原则

灵活性是软件界面交互性的重要体现。具备灵活性的交互界面可在多种环境中使用并能适应多种不同的用户需求。界面应该允许用户根据不同的需求来定义交互的方式，这样的交互界面的交互性能就会提高，增强用户在交互体验中的满足，促进用户对信息的识别。软件界面的设计应适应用户的语言、文化、知识及经验，应适应用户的知觉、感觉及认知能力；交互界面能够让用户按照个人的喜好或待处理信息的复杂程度来选用信息输入输出的表现形式或格式；界面中帮助的显示可以根据预期的用户知识水平做适当的调整；界面允许用户引入自己的表达方式，以便建立用户个人的个性化交互方式；界面允许用户为不同的任务选择不同的交互方式；等等。

（三）可记忆性原则

可记忆性原则可以用来提高用户信息交互的效率。具有较好的可记忆性的软件界面易于用户学习和使用，而且便于用户进行操作。如果在使用交互界面中的某功能时，用户不需要搜索或查找帮助手册就能很容易地找到某个信息或功能，该软件界面就会给用户很亲切的感觉。设计师应该将特定的信息对象放置在固定的位置，它将容易被记住；设计师应该将视觉信息进行逻辑的分组，这将使它们易于记忆；设计师如果使用常规的图形或符号来表达信息内容，它们将易于记忆；如果设计师使用多种信息表达方式来传递信息，用户将会依据个人喜好来选择接收的方式，这将会加强用户对此信息的长期记忆。

（四）可预见性原则

可预见性是指用户的期望和提前确定事情发生结果的能力。可预见性的信息表达是很明显的，而且其信息表达的结果在相当大的程度上是可以被用户预测到的。预见信息传达的结果是需要用户的记忆的，通常的预见判断都是基于用户以往的经验。如果界面的设计可以使用户预见信息可能传达的结果，将会使用户产生安全感并且使得交互过程更加有效。这种安全感会鼓励用户去探索一些不熟悉的界面方式，从而增强交互界面的可用性。交互界面的可预见性可以通过界面的一致性原则来增强，一致性可以帮助用户将以往的经验运用在相似的情形中；交互界面的可预见性也可通过惯例来增强，惯例就其本质而言是可预见的，惯例允许用户通过以往经验带来的直觉对界面信息进行判断，使用一致性原则可以创建惯例；同时，熟悉度也可以增加用户对于界面信息的可预见性。

（五）容错性原则

容错性是指软件界面防止用户错误操作的能力和承受用户操作失误的能力，它可以防止界面中的关键信息被破坏。设计师应该在用户启动不易恢复或有重大影响的操作时，提醒用户可能引起的后果；应检查用户操作的全过程，对用户疏忽、遗漏的必要操作给予提示；在用户执行某一功能时，允许用户取消已执行的命令；界面应对用户的错误加以阐释，帮助用户纠正错误；根据用户需求，可能将错误情境延续一段时间，从而让用户有时间去决定应该如何处理；在任务许可时，纠错应在不改变用户交互状态的情况下进行等。

（六）反馈性原则

反馈性原则是指用户在交互过程中，软件界面对用户输入的信息做出了相应的反应。如果交互界面没有给出相应反馈的表达，用户将无法判断其操作是否被接受、操作是否正确，以及操作的效果是什么。交互界面的设计应该为用户提供信息反馈的表达，使得交互过程更加可行和有效，一般应遵循以下原则：交互界面反馈的信息应以前后一致的方式来表达；反馈的信息应作为对用户培训的一种辅助手段；反馈信息应该根据预期用户的知识水平来设计；反馈信息的类型和表达方式应能按照用户的需求和特点来提供；界面应该及时地进行信息反馈；等等。

三、界面可用性应用原则

（一）一致性原则

在同一交互界面中，一致性的原则是指要保持界面的设计目标一致、信息表达一致及交互方式一致。软件界面中往往存在多个组成部分，不同组成部分之间的交互设计目标需要一致。同一类软件应采用一致风格的外观，这对于保持用户的信息识别、改进界面交互的效果有很大帮助。同一类软件中，用户对不同类型的元素实施对应的交互行为后，其交互行为方式需要保持一致。这就要求设计师将所有的菜单选择、命令输入输出、信息的表达和其他功能均应保持一致的风格。界面设计中应保持信息用语和用词的一致性、操作方式的一致性、界面布局的一致性、信息表达的一致性、信息响应的一致性。对于良好的交互界面，用户使用起来会有一种认同感，感到好学、好用，并且熟悉了一部分界面操作后，对其他部分的操作也不用再过多地学习研究就能使用，尤其对于信息量大的软件界面，更要充分保持界面设计的一致性。这样才能使交互界面更加可用。

（二）简洁性原则

简洁是一种高层次的原则。如果交互界面是简洁的，那么它将易于用户理解信息，从而易于用户学习与记忆。如果交互界面是简洁的，那么用户将很容易预知界面的作用及功能。简洁性可以提高交互界面的效率并使之易于用户使用，可以提高界面设计的可理解性。但简洁并不是单一的简化，简化往往会造成平庸的界面，这应该予以避免。通过合理的方式，简洁的设计也能够完成复杂的任务。

（三）易用性原则

使用方便快捷是所有交互界面设计中必须遵守的一条原则，也是交互界面设计所追求的目标之一。这要求交互界面的信息表达清晰明了、易读易懂，这些表达包括控制功能与操作方法的展现、信息结果与状态的显示，还有提示、帮助与错误信息的表达等；交互界面的功能实施应该简单方便、直接有效；界面能够为用户及时地传递确切的信息，在交互过程中能够及时地向用户显示交互状态，不使用户感到茫然等。

（四）针对性原则

在交互界面设计中，研究的主体是用户。设计师必须知道谁是用户，要充分了解用户的意图，了解用户所掌握的技术和已有的经验，知道用户想要什么。不同用户的类型和环境对交互界面有着不同的需求，交互界面设计的侧重点要有不同的针对性。

第五节 交互界面的设计方法

所谓设计方法就是在进行某项设计时所采用的设计手段与方式，是从已有的设计过程或在已有的设计经验的基础上整合总结出的系统的设计理论。设计方法可以用来指导设计师进行合理有效的设计过程，使得设计过程有章可循、有条有理。好的设计方法的应用会使现有设计过程缩短周期，降低成本。笔者在前人的设计实践中总结出了几套交互界面的设计方法，其中包括用户参与法、实验数据法、模型预测法及理论分析法等，仅供设计师参考。

一、用户参与法

交互界面设计的用户参与方法包括两部分内容：真实用户考察和虚拟用户测评。

真实用户考察指的是对真实生活中交互界面的使用者进行调查研究，主要通过自然观察法、计算机自动记录来记录用户对于该软件界面的可能的行为表现，如用户如何识别信息、如何进行操作等，观察、记录用户在不同情况下可能通过软件界面与计算机进行交互的过程。记录中特别要注意捕捉用户提出的可能出现的各种与界面设计有关的问题，以及用户针对软件界面设计的心理和生理状况。由于用户的态度与偏好直接影响到软件界面的设计与开发，因此对于用户的心理还可以使用访谈法、问卷与量表法来收集用户的这些主观信息。这样通过真实用户调查来分析界面的设计内容，能使设计者充分了解用户的使用需求及用户对于软件界面可能的使用感受，从而更好地把握软件界面的设计。

虚拟测评法指的是在不直接考察真实用户的情况下，依靠专家及各种已有的指导原则，通过假想的用户的虚拟使用来预测用户与界面交互过程中可能出现的问题，从而来指导界面设计的过程。它通过让假想使用者扮演特定环境中的用户，从而获得虚拟界面的设计需求。这种设计方法可以缩短设计周期、降低设计成本，但对于交互界面的可用性还需要通过真实用户参与的方法来验证。

二、实验数据法

交互界面设计的实验数据方法是根据科学实验的结果来确定设计的要求。设计师可以在新的产品界面设计中，对现有的不同产品界面或是同一产品的不同界面设计进行用户使用的比较与分析，采用科学的实验手段，得出合理、有效的实验数据，再将这些优化过的数据进行整合并应用于当前的界面设计之中。也可以根据交互任务的不同，对已有的交互方式进行实验分析。这种交互界面的设计方法主要是要明确交互界面应该提供给用户什么种类的信息，信息以什么方式在界面中呈现，是语音、图形还是文字，界面中所呈现的信息量为多少等。这就使实验的过程中应列出实验时要考虑的界面中各种独立视觉元素的不同级别；设计一个与实际用户交互行为类似的、在实验中可控制的任务，任务的选择决定了界面中要使用和测试的元素的种类；实验应该在一个可以控制的环境下进行，这样所选界面元素以外的因素不会影响实验的过程；在实验完成后应及时统计和分析实验结果，指导实施最终设计。

由于实验数据分析的研究结果与界面设计的好坏有很大的关系，因此设计师在使用此方法进行界面设计时必须仔细消除可能的干扰。在使用这种方法的过程中，参与实验的人员的无意识的行为也会对实验结果产生影响。为了保证设计的成功，参与实验的设计师应该及时讨论分析可能发生的差异，以及这些差异对界面设计的应用是否重要。

实验设计的另一个缺陷就是缺乏交互界面设计的理论指导，实验的方法往往是受到用户需求驱使的，为的是在特定的条件下解决特定的需求，对某些用户行为可能是适合的，但并不能推广到所有的环境中，因此面对新的需求时，应该再进行实验。实验的方法主要是通过充分吸收现有同类产品或不同类产品界面设计中有效实现界面可用性的方式方法，从而简化当前设计的流程、缩短设计开发的时间，提高和增强自身产品界面设计的可用性。因此，实验的方法具有一定的局限性。

三、模型预测法

交互界面设计的模型预测方法是指在界面原型设计之前预测出最好的设计形式，建立界面的结构设计模型，再将模型中的步骤一一在现实设计中实现，在实现的过程中，设计师应充分对比现实环境和需求与预测模型之间的差异，根据实际情况整合这些差异，留下有用的部分，剔除对现有界面设计可能存在阻碍的不相关因素，从而将预测模型与实际设计相统一。在大的预测模型建立好之后，针对每一个小的设计环节也可指定相对应的小的预测模型，将初始预测模型细化，从容应对现实界面设计中的细微环节，这样还可以大大降低预测模型与现实设计之间可能存在的差异，使得现实设计可以更好地结合预测模型来展开。

现阶段比较成熟的交互界面的预测模型是GOMS（Goal Operator Methods Selection of Rules）。此模型用目标、操作、方法和规则选择来描述界面是如何工作的；可以使用户知道完成界面操作的行为序列或过程；可以预测出用户完成任务的时间；通过评估目标、操作、方法和用户使用的规则，可以预测界面可能出现的错误，并且其预测是比较精准的。使用GOMS模型设计交互界面是交互界面设计的重要进步。由于此模型能够对界面错误与行为时间做出较为准确的预测，就可以使用户更加了解如何去完成某项任务。因此，设计师可以基于用户的表现来预测现有界面设计的好坏。但这种模型的主要问题是如何获取目标、方法、操作和规则，这取决于设计师的提问技巧、记录能力和用户的叙述能力。

四、理论分析法

交互界面设计的理论分析方法是指将认知科学与认知心理学的理论运用到交互界

面的设计中。这样的方法能够使信息的处理对于用户或计算机都更加有效和简易。这里的理论主要涉及类比推理、空间推理、问题求解、注意模型、心智模型及目标、计划和脚本等。

问题求解是从认知方法的角度，就交互界面设计过程中所要解决的问题一一提出并加以解决，问题求解可以将类比推理、空间推理的方法应用到界面的设计中。问题求解可以通过解决问题的结构来评估，其最终可以归结为具有层次结构的一系列目标或子目标。类比推理的应用可以增强交互界面的可学习性，可以帮助用户通过熟悉的概念来理解界面中新的信息内容。空间推理可以增强交互界面中视觉元素对用户的启示、联想作用，使得交互界面的信息表达更为容易。目标、计划和脚本的研究决定了界面中用户如何来理解信息的方法，这个方法就是将目标、计划和脚本在用户信息理解过程中结合起来。脚本是传统的知识结构，用于描述特定环境下交互界面适当的行为序列；计划是当处理从来没有遇到的问题时，反映用户是如何达到目标的；目标是计划的一部分，形成关于用户可能行为的希望，用户通常通过理解其他用户的行为来确定它们的目标，从目标预测将来的可能行为。心智模型的建立是基于用户以前的背景和对待特定问题的经验，用户一般通过类比和空间模型的建立及目标与计划的制订来形成任务的心智模型。注意模型指的是用户在处理界面信息时必须有意或无意地决定要注意哪些信息，这对于那些要处理来自不同用户的需求并做出信息反馈的界面设计很有用。但这些理论分析的设计方法很多还只停留在研究阶段，这种方法的成功运用最终还取决于从研究到应用转化的结果。

第六节　交互界面设计流程模型的建立

软件开发与设计的要求之一，是将其看成一个工程学科，任何工程学科的显著特性之一是将方法、技术及理论有组织地运用到产品的开发和设计之中。因此，作为软件开发中信息传递媒介的交互界面设计的基本特征是能够运用界面设计的操作流程来实施设计任务。软件界面的设计流程可以确定出现在设计过程中所要进行的所有设计活动，从而来合理安排设计师的设计行为。在任何软件界面的设计过程中，这些活动必须按照时间排序，并且采用相应的、适当的方法和理论来指导和辅助这些设计活动的展开。

一、交互界面设计的主要内容

在软件界面设计流程中，关键的成分包括：在整个设计周期中都要有典型用户的参与，以确保设计师能及时了解用户对交互界面设计的需求；在设计过程中应使用相应的、合适的指导方针和设计原则，以确保设计的可行和有效；在设计过程中反复地进行可用性的测试，以确保设计的可用性。虽然软件界面设计的流程有很多，但大多都包括上面所提到的内容。在交互界面设计过程中，最重要的一点是需要用户的积极参与。用户参与设计的方法必须保证从设计的开始到设计的结束都把用户看作设计团队中的一员，使用这种方法对于交互界面的设计非常有效。但需要注意的是，设计团队中的用户会被设计师的思维影响，并且随着时间的变化会对所要设计的交互界面越来越熟悉，会形成一定的思维定式，不利于软件界面设计的正常进行。因此，在设计过程中需要选用不同的用户来参与交互界面的设计与测试。

二、现有交互界面设计流程的分析

迄今为止出现的软件界面的设计流程已有很多，但比较典型的软件界面的设计流程有两种：瀑布模型和螺旋模型。

（一）瀑布模型

瀑布模型是一个典型的软件界面设计的模型，它是软件开发产业中使用较早的模型之一。它强调一个线性顺序的软件界面设计流程。它易于理解和实现，这是因为它对设计过程中的每一个阶段都有清晰的定义，并且每个阶段都必须在前一个阶段完成后才能开始，这是符合逻辑的。这个模型强调的是界面设计的渐进过程，在这个过程中一旦需求被确定，那么在整个设计过程中需求将不再变化。但随着界面设计的深入，这种模型就显得不是那么现实，因为在设计实践中，设计师通常都会对每一阶段的设计留有余地，以便发现问题去调整和修改它。因此，随后的瀑布模型允许在各个设计阶段之间进行一些有限制的迭代。瀑布模型不是以用户为中心的设计流程，因为它并没有正式地考虑用户。因此，“瀑布模型”的重点是在设计早期完成需求文档，这适合于编辑器这样的软件界面的开发，不适合于现代所提倡的软件交互式界面的应用。“瀑布模型”的优点在于：它有着高度规范的文档；易于设计者把握设计的进度；易于计算设计预算以及有着一致的测试过程。它的缺点在于：它以文档为中心，使用户难以理解；它不是以用户为中心的，对于用户的需求考虑得很少；它的设计需求是固定不变的。

（二）螺旋模型

螺旋模型是一个更为复杂、更为灵活的设计流程，它需要一个有着丰富知识的设计团队。它以降低风险为中心，它的首要目标就是要增加软件界面的使用效率。螺旋模型结合原型方法并且鼓励在设计过程中进行迭代。螺旋模型的优点在于：它适合设计开发大型的、复杂的系统界面；它对动态性软件界面的设计是灵活敏感的。它的缺点是：它的复杂性使得设计师难以把握；它需要大量的信息来进行设计评估和测试。

三、交互界面设计流程模型的建立

根据前人已有的软件界面设计开发的流程，结合交互界面设计的应用原则和相关理论，笔者提出了一个在交互界面设计中可行的、有效的、以用户为中心的设计模型。这个模型主要包含四部分：需求分析、界面设计实施、最终界面评估以及随时的迭代。需求分析是对所要设计的交互界面的所有可能用户和环境进行调查研究的阶段，这个阶段的目的在于明确交互界面的设计需求，它包括有怎样的用户群、怎样的使用环境、怎样的使用要求，以及影响界面使用的所有因素。界面设计实施包括三部分：概念设计、结构设计和表达设计。概念设计主要是进行用户角色定位、确立目标任务的阶段，这个阶段的目的在于明确交互设计过程中的虚拟用户角色是什么，用户的目标任务是什么；结构设计主要是进行界面交互方式、具体交互元素的设计阶段，这个阶段的目的在于明确概念设计可以被实现的可行性构架或界面原型；表达设计主要是进行界面需求信息的最终界面显示，它包括视觉、听觉信息的表达与布局设计，以及如何在界面中使用色彩和隐喻设计等。最终界面测试评估是对交互界面的每个组成部分及整体进行可用性测试与评估的阶段，这个阶段的目的在于明确本设计如何优于其他设计，得到用户对于设计的真实反馈，并将可用性测试运用到整个设计过程。随时的迭代交错在前三部分之间，是设计师随时发现问题、发现需求而进行的及时的迭代设计过程，这个阶段的目的在于弥补设计缺陷，优化最终方案。

第七节　交互界面设计中需求分析模型与设计对策

交互界面设计中需求分析模型包括两部分内容：用户需求分析和环境需求分析。

一、用户分析与设计对策

（一）用户分析的意义

交互界面作为人机交互过程的信息传递媒介，其服务的对象就是用户，用户是交互过程中的主体。交互界面设计的好坏从根本上反映了设计师对于用户的了解。深刻、详细地了解并理解用户是设计交互界面的首要因素。不同的用户对于交互界面使用的经验、能力、技巧和喜好都各有不同，具有的知识结构和综合能力也不同，因此，不同用户处理交互界面中的各种交互元素的方式也是不同的。所以设计师必须了解用户行为的各个方面的特性，了解用户对于软件界面的不同设计需求。通过对用户的分析，了解和理解用户意图，使得最终的交互界面设计对用户来说是可用的、有效的。

当前对交互界面设计来说，用户分析是非常重要和关键的。如果设计师不考虑用户需求，按照自己的主观臆断进行设计界面交互设计，会造成用户信息交互的障碍，它会体现在用户对于界面信息搜寻的困难、对于视觉感知和认知记忆的困难以及对于界面信息刺激注意的困难。例如，针对文字的应用，实验研究表明用户的视觉感知对图形的识别能力远高于对文字的识别能力，因此国外交互界面设计中大多采用图标取代文字，但这也不能一概而论。对中国用户来说，英文单词的字母冗余率是70%，虽然它在界面中所占面积较大，但与信息内容的含量不符，不适合菜单设计。而中文的冗余率远低于英文文字。在界面中中文的信息表达有时候会比图形要清楚和直接，信息传达效果要更好。这要求设计师对用户的信息识别能力有提前的分析和认识，才能正确有效地在界面中使用文字信息。还有就是在界面图标的设计中，如果不经过用户认知分析主观地设计图标，可能会使用户将图标的表达误认为是美化形式，从而给用户识别和理解必要信息造成额外障碍。

（二）用户的分类

笔者在对交互界面的设计阐述中，将用户大致分为三类：初级用户、中级用户和高级用户。

1. 初级用户

交互界面的初级用户包含两类用户：一类是无目的的初级用户，这类用户很少接触交互界面，他们对于如何使用计算机系统并借助交互界面来获取信息还没有概念。这种用户对于交互界面的使用会感到陌生和害怕，他们不了解界面的操作模式，对交互界面也毫无认识，这类用户与交互界面的信息交互认知距离是最远的。另一类是有目的的初级用户，这类用户已经有了通过交互界面进行信息交互认知的意识，并且已经开始学习使用，由于使用时间和经验的问题，对于交互界面系统还不是很熟悉，但已经有了一定的了解，还需要更多的界面体验来提高信息交互认知的能力。

初级用户对于交互界面的使用是敏感的，而且很容易在交互行为的早期就产生挫折感。设计师要明确，不能将初级用户的状态视为交互界面设计的目标。但所有的用户都必须经历初级用户这一过程，设计师应尽量通过对交互界面的设计缩短这一过程。交互界面的设计应为初级用户提供有效的指示和提示，这会使初级用户在初步理解交互界面的设计初衷和交互效果后，对于界面交互的使用学习更加快速和有效。

设计师可以通过用户心智模型的建立来完善这个过程，如果交互界面的使用与用户心智模型相符，那么界面的设计就可以在不强迫初级用户了解现实界面使用的情况下，为用户提供所需要的需求理解。在软件交互过程中，初级用户必须能够迅速地掌握界面交互的概念和范围，不然用户就会彻底地放弃使用。设计师要确保界面的设计充分反映用户的心智模型。即使初级用户可能对使用哪种交互方式来完成任务不是很明确，但他会了解交互行为与任务之间的关系即某些重要的概念，而这些界面的概念结构也应与初级用户的心智模型保持一致。

让初级用户成功地转变为中级用户需要交互界面能够为他们提供特别的交互帮助，但这些帮助可能在用户成为中级用户之后反过来妨碍它的交互行为。这就要求软件界面设计中的帮助不应该是固定不变的，帮助的主要功能是为用户提供交互参考，如果初级用户不需要参考信息的话，就应该将这些交互参考概括化，只告诉用户交互的基本功能，这对于初级用户就足够了。初级用户也依赖于交互界面中的菜单学习和对交互命令的执行来增进交互行为的完善。

2. 中级用户

交互界面的中级用户是指对界面的交互使用已有了良好的认识和较多的经验，并且已经成为较为熟练的使用者。他们需要比初级用户较少的支持，但需要更经济和更快捷的交互体验。这部分用户还不具备对于交互界面自主扩展的能力。交互界面中的用户大部分都是中级用户，并且随着初级用户的成长和高级用户的生疏都会向中级用户转变。因此，交互界面的设计应该既不迎合初级用户，也不迎合高级用户，而是尽量满足永久的中级用户。

交互界面的中级用户需要界面中有良好的交互工具设计来满足他们的交互需求。因为中级用户已经掌握和了解了交互界面的设计意图和交互范围，不再需要解释，对中级用户来说，交互工具是最好的信息传递方式。交互工具没有涉及交互范围、意图和内容，它只是用最简单的交互元素来指导用户界面交互的功能，而且它的视觉空间也很少。中级用户知道如何使用参考资料，界面中的在线帮助设计对于中级用户极为重要。中级用户一般会通过索引来使用帮助，因此界面中对于索引部分的设计需要做得非常全面。中级用户会确定他们经常使用和很少使用的功能，因此界面设计应根据中级用户的需求将常用的交互功能放置在界面的重要位置，以便用户寻找和记忆。对于一些中级用户不常用到的功能或高级功能可以存在，它会使中级用户在交互过程中更加放心。

3. 高级用户

交互界面的高级用户是指对交互界面具有全面和系统的认识和了解，具有广泛的使用交互界面的知识和能力，具有很多的交互经验，对交互界面的内在结构有较为深刻的了解，甚至具有维护修改界面设计的能力。这类用户一般为软件界面的开发人员，也有中级用户为了更高的需求通过不断的学习从而转化为高级用户。

对于交互界面的使用，高级用户也是非常重要的用户群。因为他们对于初级用户和中级用户有着促进的作用和指导性的影响。初级用户和中级用户在使用交互界面时更加信赖高级用户的意见和看法。这对于初级用户和中级用户是否使用交互界面有着直接的影响。高级用户对于交互界面的使用要基于用户本身的记忆能力，因为记住并明确纷繁复杂的交互功能是作为高级用户应该具有的能力。高级用户会持续而积极地学习有关界面使用的更多内容，会不断地需求更新的、更强大的交互功能和交互方式。

（三）用户分析的途径

交互界面的用户分析都是有针对性的。由于人与人之间的差别，不同的群体对交互界面有不同的需求。设计师应该把用户作为一个群体来研究，了解这一个群体的共性和个性，以便针对性地设计交互界面。对于用户的生理、心理、行为状态的分析和了解可以来自用户的直接体验、间接体验，以及书本中的理论知识。对于交互界面中用户的研究为设计师提供了了解用户生理、心理及交互行为的基础。设计师应该在设计实践中不断积累这方面的知识。设计师应该尤其注重对用户体验的分析。用户通过直接体验获得的经验和感受是十分重要的，从某种意义上来说，这甚至比书本知识更重要。当用户对于界面直接体验的可能性不存在时，尤其是对于特殊人群用户，如老人或残疾人等，设计师应借助观察、询问等方法得到用户对于设计的间接体验反馈。设计师经由用户体验获得的用户需求分析往往更真实、更生动，更有益于具体设计的实施。

（四）用户分析的方法

交互界面设计中的用户分析一般采用以下几种方法：理论数据法、建立模型法和用户参与法。

1. 理论数据法

理论数据法是一种通过定量数据进行科学实验研究得出理论依据，从而指导设计师进行用户分析的方法，这种方法注重理论的支持。

理论数据法的研究内容主要包括：用户大脑内表示知识的方法，用户自然的感知方式，用户对行为任务的思维方式，用户的表达、交流、合作思维方式，用户解决问题的方式，用户选择和决断的方式，用户学习过程，用户对交互界面各种信息刺激的感知方式，用户对交互界面的各种信息刺激的思维方式，用户关于交互界面的知识结构和理解方式，用户信息交互的方式，用户学习交互界面使用的过程以及用户出错、纠错方式等。

2. 建立模型法

建立模型法是在理论数据法的基础上根据用户的特性建立的用户心中可能的交互界面的交互模式。用户模型的定义是系统对单个用户、用户组或非用户的知识、喜好和能力的建模和表示，包括系统对于特定用户的认知。它通常是用户行为、需求和特征的规范化描述，大部分的用户模型描述的都是与理论研究相关的表示。用户模型中的认知模型记录了用户重要的信息认知特性，这些特性极大地影响着界面信息交互质量和用户的需求。用户模型可以分为两类：一类是用户自身所拥有的模型，另一类是被应用到基于软件界面的信息交互中的用户模型。我们主要讨论的是第二类，通过描述用户认知来构造软件界面的用户模型。

在交互界面设计中，为了保持用户的特征、需求与界面交互保持一致，为了使用户解决任务的策略、处理方式和用户特性相一致，为了保持用户和计算机之间良好的匹配和工作协调，设计师应使用用户模型概念来描述用户的特性，描述用户对系统的期望与要求等信息。一个完善、合理的用户模型将帮助交互系统理解用户特性和类别，理解用户动作、行为的含义，以便更好地控制交互功能的实现。

结合前面对用户特性的研究分析，我们可以得出：用户模型是用户与外部信息交互的结构模型，是用户对界面信息的认识以及用户与界面信息交互的描述。因此，设计师可以通过建立用户模型的方法来在界面设计中进行有效的用户分析，通过这种方法在具体的设计过程中建立起相应的用户模型。交互界面设计中常用的用户信息交互的基本模型包括用户的认知模型和用户的行为模型，如图 7-1 和图 7-2 所示。

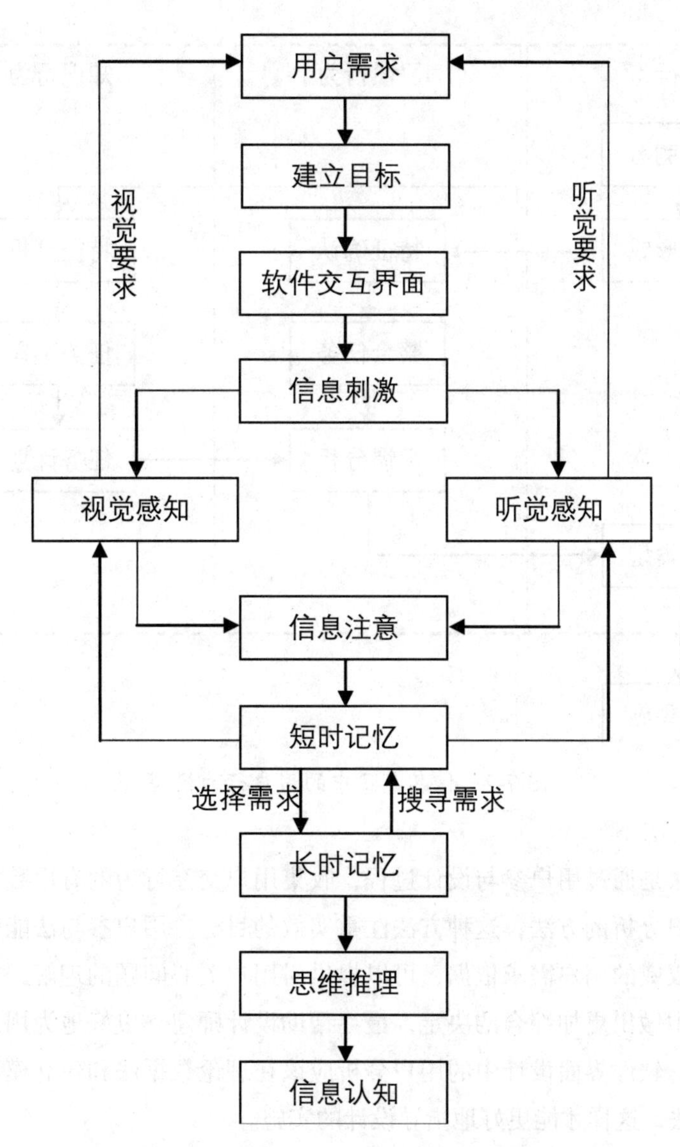

图 7-1 信息交互中的用户认知模型

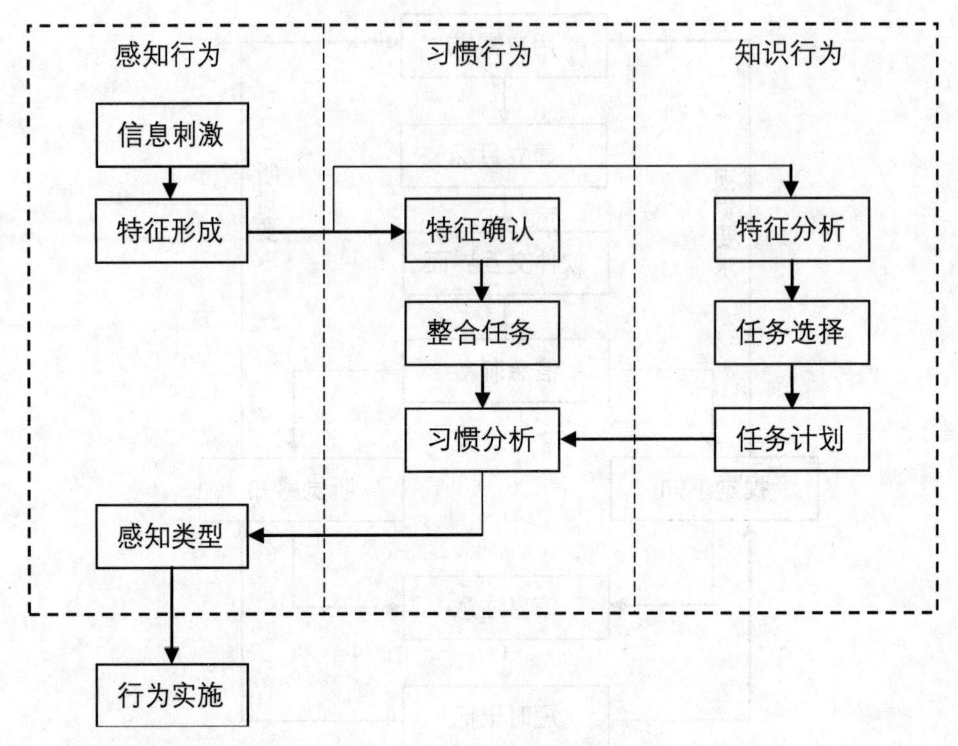

图 7-2　信息交互中的用户行为模型

3. 用户参与法

用户参与法是通过用户参与设计过程，收集用户交互行为的有用数据，从而帮助设计师进行用户分析的方法，这种方法注重实效的目标。用户参与法能够为设计团队提供可信的、权威的用户需求依据，可以提供对用户关心问题的理解，可以帮助设计师在设计过程中做出更加综合的决定，最终帮助设计师建立更好地为用户信息交流服务的软件界面。软件界面设计中的用户分析应该在理论数据法和建立模型法的基础上实施用户参与法，这样才能更好地指导设计的实施。

用户参与法的研究内容主要包括：用户对于已有产品的使用方式，用户对于新产品的希望和需求，用户在使用当前界面时可能遇到的问题，界面的设计符合用户哪种更为普遍的使用场景，界面已具备哪些交互方式，用户对于界面使用的基本目标是什么，界面提供的哪些功能任务能够帮助用户实现信息交互等。

用户参与法的研究手段包括用户间接体验的研究和用户直接体验的研究。用户间接体验的研究就是通过大众访谈（对没有使用过交互界面的人，或有可能即将成为界面用户的人的访谈）获得信息进行的研究。大众访谈可以为设计师提供以下信息：大众对于软件界面设计最初的愿望，界面设计的预算和进度可能是什么，界面设计中可能有哪些约束条件，界面设计的驱动力是什么及大众对于界面用户的看法。用户直接体验的研究包括专家访谈和用户访谈。专家访谈是对已有界面的高级用户或是界面设计的参与人员进行访谈，可以从他们那里得到对于界面设计客观的、经验性的意见与建议，但要注意的是由于专家对于交互界面的习惯和经验可能会阻碍新的交互界面的设计开发，设计师应细心听取有用的建议，去除对新设计有阻碍的意见。用户访谈是对那些已经使用过交互界面来达到某种需求的初级用户或中级用户的访谈。用户访谈可以为设计师提供以下信息：使用界面时的问题和挫折、界面如何适应用户的交互行为、用户在进行交互行为过程中所需要了解的信息、用户对于当前界面使用的基本理解以及用户对于使用界面的动机和期望等。

（五）用户的基本需求

通过对用户的调查分析，设计师可以获得用户对于设计的期望和需求。交互界面设计的用户需求是用户对所购买或使用的软件产品的使用界面所提出的各种要求，它集中反映了用户对软件产品的期望。研究结果表明，用户对于交互界面设计的需求一般包括用户个人期望的需求和界面交互使用需求。早期的交互界面设计较多强调其功能性，而目前对大量软件系统的中级用户来说，交互界面的可视性、交互性、可用性往往是更重要的。一般情况下用户对于交互界面的基本需求如表 7-1 所示。

表 7-1　交互界面设计中用户的基本需求分析

用户需求	需求分类	具体要求
用户个人期望需求	用户自身知识方面	1. 界面应该能够允许未经专门训练的初级用户易于学习使用； 2. 界面能对不同经验、知识水平的不同层次的用户做出不同的需求反馈； 3. 界面应该提供统一行为模式或在不同层级界面间保持行为的一致性，建立标准化的交互界面，使用户基于相同知识的操作使用得以实现； 4. 界面设计应该适应用户在应用领域的知识变化，应该提供灵活的自适应用户的交互界面设计。
	用户习惯经验方面	1. 界面应该提供类似于用户思维方式和习惯的交互方式，能够使用户的交互经验、知识、技能推广到界面使用中； 2. 界面应该有效地反馈用户的操作错误，避免用户操作健忘以及注意力不集中的习惯特性； 3. 界面设计应该能够减轻用户交互使用时的精神压力，应该让用户在使用时有耐心。
	用户行为技能方面	1. 设计师应该使界面能够适应用户，对于用户的使用不做特殊的身体、行为方面的要求； 2. 设计师应该提供简单的交互方式，使用户只需要运用简单的操作技能就能进行信息交互过程； 3. 设计师应该设计统一的、一致的信息表达形式或交互模式，使用户能够运用简单、一致的行为技能来使用界面； 4. 界面应该能够使用户通过有效学习，来提高用户的交互技能； 5. 界面应该为用户提供交互演示，为用户使用提供操作帮助。

续表

用户需求	需求分类	具体要求
界面交互使用需求	界面可视性方面	1. 界面应该提供形象、生动、美观的信息显示和信息布局，优化界面交互环境，以使整个界面对用户更具吸引力； 2. 界面的信息交互表达及用户行为反馈对用户应该是透明的、易识别的； 3. 界面设计必须考虑到用户使用时的生理、心理要求，包括外部因素的使用环境、条件，以及内部因素的界面布局等，使用户在没有精神压力的条件下进行交互行为，能让用户舒适地使用并完成任务。
	界面交互性方面	1. 界面的交互反馈应尽量简单，并提供系统的、有效的学习机制； 2. 用户可以通过界面信息反馈预测系统的交互行为； 3. 界面信息交互方式应尽可能和用户日常交互行为相类似。
	界面可用性方面	1. 界面应该支持多种交互介质的使用，提供多种交互方式，用户可以根据任务需要及用户特性，自由选择交互方式； 2. 界面应该随时随地为用户提供帮助功能，辅助用户完成交互行为； 3. 界面设计不应该使用户在使用时丧失信心、感到失望，一次失败可能使用户对界面使用产生畏惧感而拒绝使用。

二、环境分析与设计对策

软件界面设计中的外部环境分析包括对于自然环境的分析和计算机硬件环境的分析。外部环境对于用户使用交互界面进行信息获取和认知具有重要的影响。自然环境因素包括使用空间、照明条件、噪声环境、气候与温度和震动环境等。例如，如果用户的外部使用空间比较宽敞的话，会提高用户使用的舒适度，从而增强用户的信息交互能力；如果用户使用空间比较狭小，会增加用户的局促感和不安感，从而降低用户信息认知的能力；还有就是环境温度过高或过低，会影响用户的使用情绪，使用户烦躁，从而降低用户的信息认知能力；过多的噪声干扰也会使用户的使用心情变差，从而降低用户的信息认知能力，尤其是对交互界面中的听觉信息的识别影响较大。但总体来说这些自然环境因素的变化对于用户使用和操作硬件交互界面的影响较严重，而对于交互界面的使用不是主要影响因素，因此在本书中不再做详细的分析，但要提醒设计师在进行交互界面的设计时应考虑外部自然环境对用户的影响。计算机硬件环境主要是指实施交互过程的计算机硬件设备，它对于交互界面的信息输入有着至关重要的影响，因此设计师应充分考虑其影响。总之软件界面设计中的外部环境分析对于软件界面设计是非常重要和必要的，外部环境的影响会导致用户信息交互能力的变化，对于交互界面的交互效率会产生影响。因此，设计师要给予足够的重视。

三、需求分析模型的建立

交互界面设计需求分析模型如图 7-3 所示。

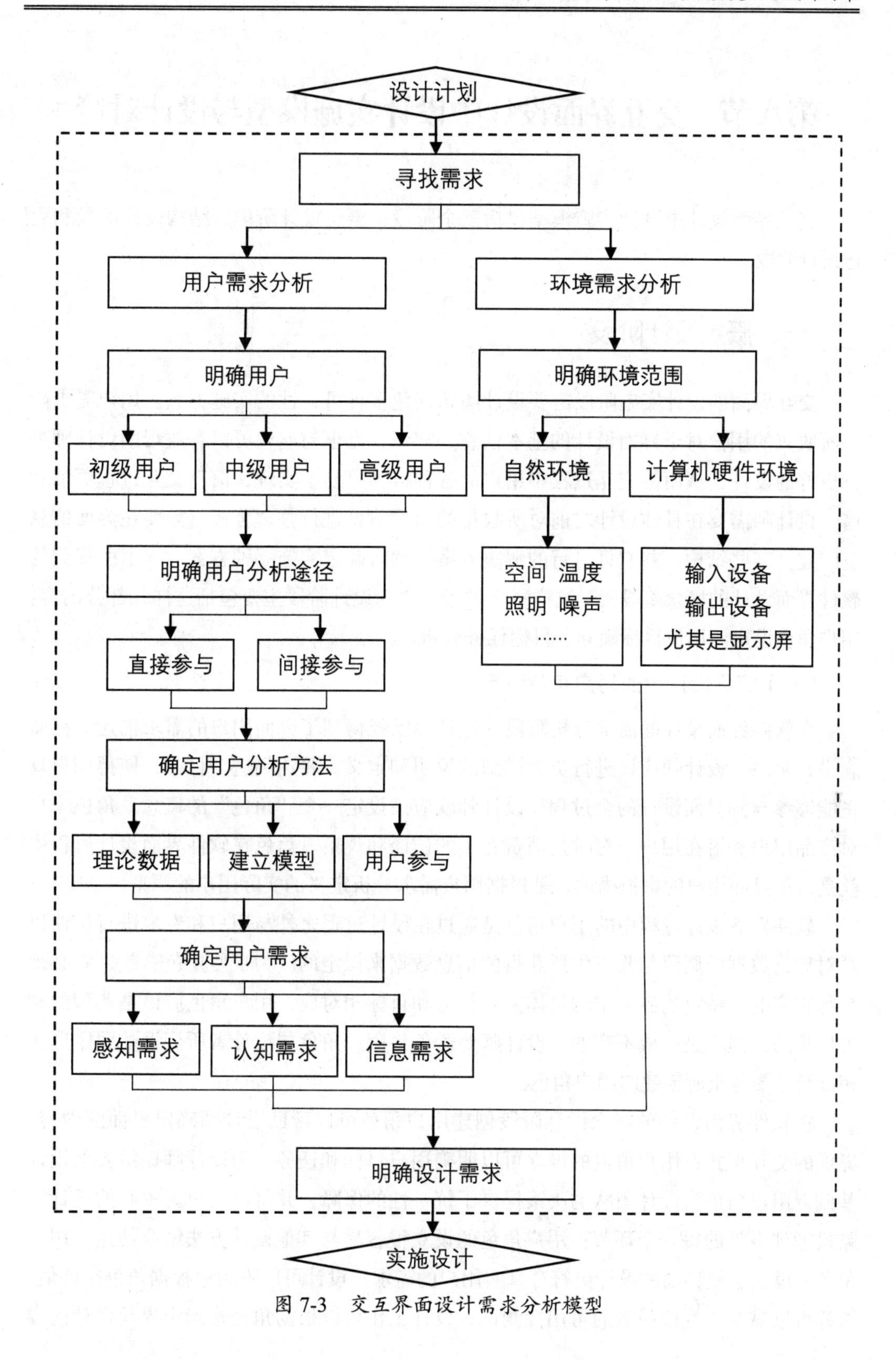

图 7-3　交互界面设计需求分析模型

第八节　交互界面设计中设计实施模型与设计对策

交互界面设计中设计实施模型包括三个阶段：概念设计阶段、结构设计阶段和表达设计阶段。

一、概念设计阶段

交互界面的设计实施阶段需要设计团队创建多种可行性的实施方案。用户需求阶段所收集的用户对于界面设计的基本信息、知识、需求与期望可以有效帮助设计师进行更好的设计，从而使交互过程中用户的各种行为更易于实现，信息交互过程更加和谐。设计师需要在具体设计之前对所收集的用户信息进行整理分析，需要在界面信息空间建立某些结构，并制订可行的解决方案，然后确定实施哪种方案。本书所提到的软件界面设计的概念阶段就是这样一个过程。概念设计阶段主要包括这样几部分内容：用户角色设定、用户目标确立、目标任务分析。

（一）概念设计中的用户角色设定

在软件界面设计的需求分析阶段，设计师已经得到了界面用户的需求描述，在概念设计阶段，设计师应该进行更为详细的说明和定义。要达到这个目的，使得用户真正能够参与到界面设计的全过程，设计师就应该设定一个“角色”的概念。角色来自对产品用户和潜在用户（有时是消费者）的访谈和观察。角色在软件界面设计过程中就是对于界面用户的虚拟描述，是根据用户需求分析定义的实际用户的原型。

软件界面设计过程中的用户角色是通过在设计过程之外与用户和专家进行访谈以及对理论数据的调研与收集中所获得的信息数据来拟定的。为了使角色有效，它必须是与相应的、特定的界面中的具体交互行为和目标相对应，用户角色应该是典型的和可信赖的，但不是一成不变的。设计师要避免将用户角色与设计者所假设的固定形式相混淆，要尊重所创建的用户角色。

在软件界面设计的概念设计阶段创建用户角色可以帮助设计师确定界面的内容、界面的交互形式；用户角色的设立可以明确用户目标和任务，为设计师提供界面设计基础；用户角色为设计团队的决策提供了统一性的保障，并将以用户为中心的设计思路贯彻到设计的每一个环节；用户角色的设立很容易与其他设计方法结合使用；用户角色的设立会使界面的设计更符合真实用户的需求；设计可以不断地根据角色来评估，这样可以减少大规模昂贵的可用性测试；设计工作可以根据角色来确定界面设计内容的优先级等。

创建用户角色时设计师需要注意的是：虚拟的用户角色是具有弹性的，要防止设计师将固定或无根据的假设形式结合到用户角色当中；如果界面使用的现实人群太广、范围太大，具有一定的国际化，那么用户角色就很难设立；还有就是在设计过程中设立太多的角色，有时会成为设计的阻碍。

（二）概念设计中的用户目标的确立

软件界面设计过程中的用户目标是什么、设计师如何识别这些用户目标、用户目标是否存在差异，以及用户目标是否会随设计过程的深入而改变等，这些都是设计师在建立用户目标时应该考虑的问题。总的来说交互界面设计中用户目标的确立是基于用户需求分析的。如果界面的设计没有遵循用户的需求目标，那么用户在使用界面进行信息交互时，会难以实施交互行为，甚至出现严重的错误操作，从而降低用户的使用效率，使用户难以完成预定的任务，使用户对于界面的使用感到无趣和厌烦，最终导致软件界面设计的失败。

用户目标是交互界面设计终结的条件，用户目标会激发用户去执行交互行为；用户目标是受用户动机与需求驱使的，很难随时间的推移而改变，甚至根本就不会改变；目标可以用来消除界面设计中不相关的交互因素。设计师应该通过用户目标的确立，明确界面设计的用户意图，创造更适合用户、使用户更加满意的设计。

为了将用户与最终的界面设计有效地联系在一起，使用户的需求分析与实际设计相统一，设计师就应该在设计过程中始终遵守通过用户需求分析来建立用户目标，这就要求用户分析与界面设计都需要有设计师的参与才能有效完成用户目标的合理建立。基于用户目标导向的交互界面设计可以充分弥补设计过程中用户需求与设计之间的差距。基于用户目标导向的交互界面设计应贯穿于整个界面设计流程，设计师应该通过用户目标将用户需求整合并建立需求模型，在需求模型的基础上综合、定义和分类界面信息内容，通过知识转化建立设计框架，通过界面设计框架展开具体的界面设计任务，并在界面设计的评估与测试中以用户目标为基础。图 7-4 是用户目标与界面设计其他部分的关系图。

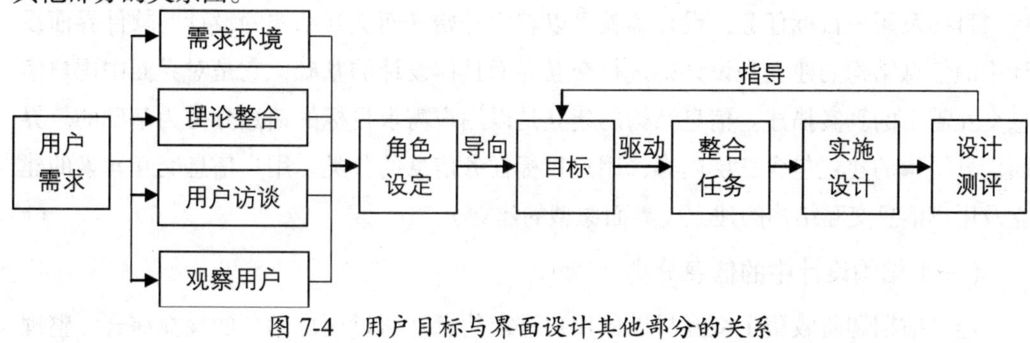

图 7-4 用户目标与界面设计其他部分的关系

设计师要通过在用户需求阶段认真观察用户的行为、记录用户的反馈、注意用户的需求暗示，从理论分析和研究用户需求中建立用户目标，通过用户角色的建立来在整个设计过程中简洁地表达并贯穿用户目标。交互界面设计过程中的用户目标具体包含三层内容：用户生活目标、用户体验目标和用户最终目标。用户生活目标是用户的个人需求期望，是实现界面设计更深层次目标的驱动力。用户生活目标很少直接体现在交互界面的设计表达中，但实现用户的生活目标是提高用户对于界面设计满意度的先决条件。用户体验目标表达的是用户在使用交互界面时与界面中信息交互方面的感受。用户体验目标的实现是交互界面设计的关键，如果在交互过程中界面的设计使得用户感到使用不畅、难以操作、阻碍重重、经常犯错误，那么会使用户感到不舒适甚至产生反感，从而降低信息交互效率，使得界面设计最终失败。因此设计师应该在设计中充分考虑用户体验目标，使用户在交互过程中感到能够轻松胜任、增强自信，并使用户感觉很舒适、很有乐趣，不会感到无聊。这是界面设计成功的关键。用户最终目标是在交互界面中实现信息获取。它是交互界面设计的必要目标，它是界面功能实现的基础，最终目标必须满足用户，设计师所要关注的大多是用户的最终目标。但在交互界面设计中，这三个目标应该结合起来，缺一不可，最终目标是主体，体验目标是关键，生活目标是基础。

（三）概念设计中的用户目标任务的分析

用户目标任务的确定与分析是面向最终用户的。这里的任务是基于对用户目标的确立，指的是交互界面所要完成的具体交互工作，以及完成这些工作的具体方法。设计师应该对所有基于用户目标的任务，包括与用户信息获取与交互性相关的活动进行目标任务分析，应该充分考虑有关用户的感知、认知和行为能力等的因素，按逻辑层次结构合理地进行用户目标任务的建立和分配，并确定界面任务内容与交互的方式。

二、结构设计阶段

在软件界面设计过程中，一旦概念设计进行得充分和完善，并明确了用户角色、用户目标及用户目标任务，设计师就可以着手开始界面交互结构的设计。软件界面设计中的信息结构的建立是设计师进行交互界面具体设计的基础，它是对界面中用户信息交互需求的真实描述。信息结构的建立是以用户需求目标的信息分类为基础的。界面信息结构的建立包含三层内容：用户目标任务信息的分类、用户信息交互元素的建立及用户信息交互结构的建立（界面原型的建立）。

（一）结构设计中的信息分类

经过前期调研收集了交互界面的用户需求信息，通过用户角色的设立综合、整理了用户需求，得出了用户的目标，并通过用户角色简洁地传递了用户目标。在创建界面功能结构之前还需要对界面传递信息进行分类。设计师在这一阶段要开始考虑如何组织用户需求阶段所获取的各种信息。信息分类是信息结构建立的基础。用户在现实生活中经常会将信息按照一定的逻辑关系分类组织起来，因此在界面功能结构建立之前，要对用户需求信息进行分类整理，这样才能使交互界面的信息功能结构符合大多数用户的习惯和期望，才能方便用户使用。信息分类的合理性将直接影响到用户对于软件界面交互使用的效率。这里介绍两种有效的信息分类方法：卡片分类法和信息映射法。

1. 卡片分类法

交互界面设计中信息分类的卡片分类法是指将用户需求阶段所有收集的信息功能即信息结构中的代表性元素放置在卡片中，然后对卡片进行分类而取得用户期望的信息结构。卡片分类首先要对用户需求目标中所包含的信息内容进行整体的考虑，整合、简化、选择出具有代表性的信息元素，并将这些信息元素以用户易于理解的表达方式准确而精练地呈现在具体的卡片上，按照用户习惯的思维方式进行分类。一些文本信息元素合理的卡片分类如图 7-5 所示。

信息的卡片分类可以得到用户所期望的信息组合，可以作为界面信息结构直观性表达的基础。卡片分类的结果可以用于创建符合用户思维习惯的分组菜单，可以定义交互界面的信息空间，划分不同的功能板块，创建适当的任务链接。卡片分类法的优点在于设计师能够快速并且容易地掌握，有助于用户了解界面的信息组织结构，是界面建立深层次结构的基础。但随后的界面信息结构的建立可能只会显示卡片上的信息内容，可能会丢失一些忘记写在卡片中的信息内容；通过卡片分类所得到的信息结构中的信息表达可能不够完善或准确，这取决于卡片中对用户需求信息的概括；对于信息分类比较复杂的用户需求，可能无法满足要求。

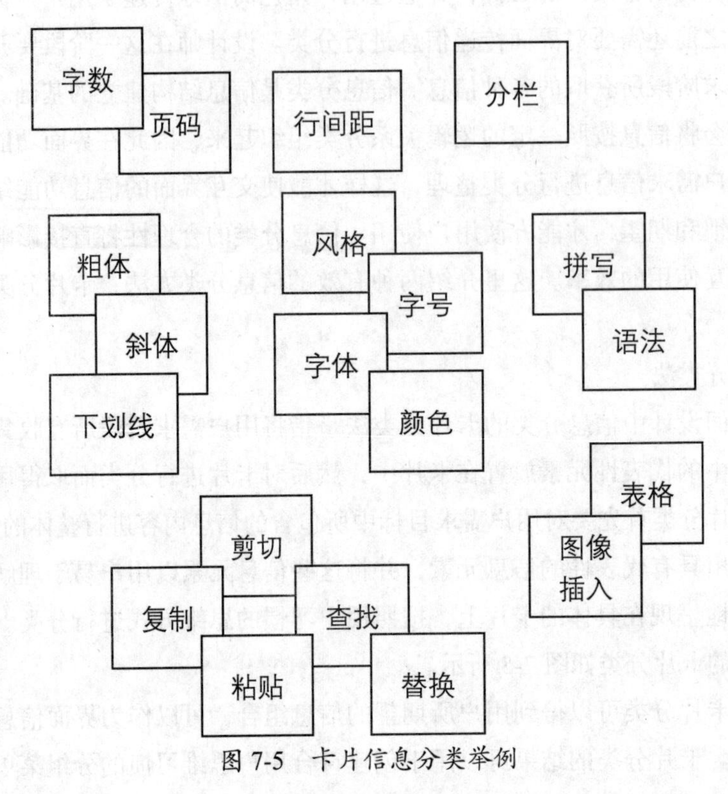

图 7-5　卡片信息分类举例

2. 信息映射法

交互界面设计中信息分类的信息映射法是将用户需求信息通过联想和其他信息概念连接在一起，从而创建相关的信息映射网，指导界面信息结构的建立。信息映射法首先要对用户需求目标中所包含的信息内容进行整体的分析与概括，通过联想将总结出的信息概念与其他相关概念联系在一起。信息映射法在以用户为中心的信息分类上不如卡片分类法，但它提供了一种更为条理的信息分类方法。基于文本信息的合理联想映射网如图 7-6 所示。

信息的联想映射分类中，联想并不一定总是能够直观得到，它需要细致的分析。界面的结构往往是需要迭代的，最初的联想可能会发生变化。但信息映射法可以让用户了解界面信息结构，有助于表明功能结构的含义，但实际的界面表达仍需要确定。信息映射法的优点在于能够使用户需求信息的分类简单化，为界面设计提供了一种创建相关信息元素内在联系的方法，为设计师提供了一种有效地、逻辑地展示信息分类的方法，这种方式与用户的信息分类方式相一致。但信息映射法需要信息概念的空间知识，它所表达的信息内容可能超出用户需求的范围，它的这种信息概念映射只是形式化的，可能不具备含义关联。

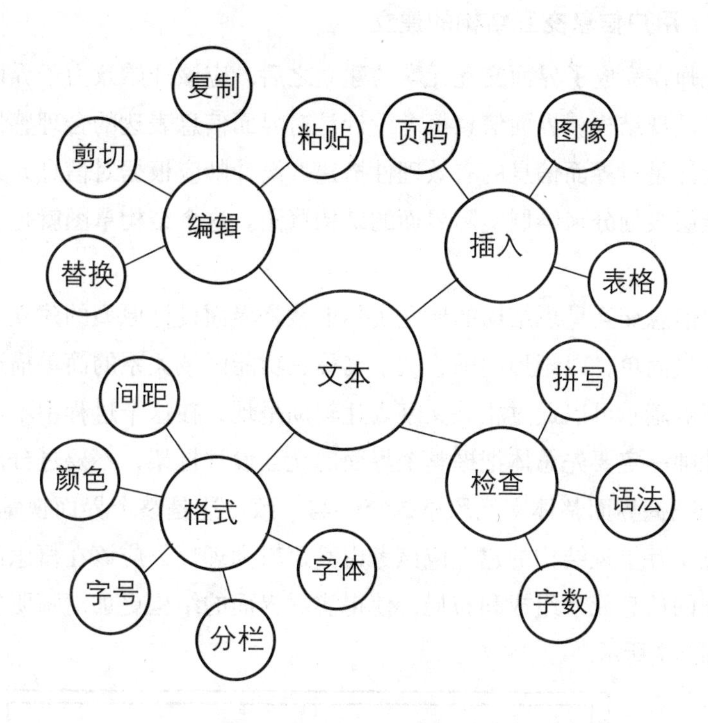

图 7-6 映射信息分类举例

（二）用户信息交互元素的建立

用户信息交互元素的建立是以用户需求目标的信息分类为基础的，它指的是设计师利用概括的、浅显易懂的语言描述界面设计中用户角色所要完成的目标任务，并基于用户需求信息的分类来定义用户目标需求的信息表达元素，确定功能执行元素的分组和层次关系。用户信息交互元素的建立描述了用户角色的基本目标任务、目标任务的实现元素及这些元素的交互关系。

用户目标需求的信息表达元素包括功能元素和数据元素，它们是界面中交互行为和信息刺激的可见表达，它们是在用户需求阶段用户目标需求的具体体现。在这个阶段，设计师要用真实世界的对象和动作来描述这些需求，要以交互界面的表达形式来描述。如界面的窗格、框架，界面的交互控制按钮及其分组，信息刺激的表达，包括文字、图标、图表、图形、图像等。

确定好界面信息交互元素后，要对这些元素的信息表达内容进行功能区域划分，并确定这些功能区域的层级关系。这时设计师应该注意界面中信息元素的占用空间、信息元素的包含关系、不同层级功能元素如何优化排布、同一层级信息元素如何使用、信息元素之间又有怎样的交互模式、如何将人物角色融入元素的功能层级划分中等一系列问题。

（三）用户信息交互结构的建立

设计师在完成了界面交互元素的建立之后，应该开始致力于界面交互元素在实际界面中的呈现结构。界面信息概念设计是对界面信息表达的合理感性创造，界面信息的结构设计是对界面信息的有效理性搭建。设计师应根据对信息元素的定义及信息元素的功能层级划分来绘制实际界面的结构草图。这个结构草图就是界面视觉化的最初表现。

用户信息交互呈现结构的建立实际上就是界面设计原型的建立。界面结构框架草图应该尽量简单，以矩形图框、文字名称、功能区域关系的简单描述为主。细节交互的一些视觉暗示可以通过相关文字表达辅助呈现，在这个过程中不涉及交互细节的设计。设计师一定要先总体把握整个界面的交互设计框架，不要过分注重框架细节的处理，要先把握界面整体交互风格的统一与一致。这是整个界面视觉实现的基础保障。用户信息交互呈现结构的建立应该考虑其逻辑和理性，应该在概念设计的基础上设计实际界面的信息元素组成和布局，使得实际界面的结构更加清晰明确。简单的原型结构图如图 7-7 所示。

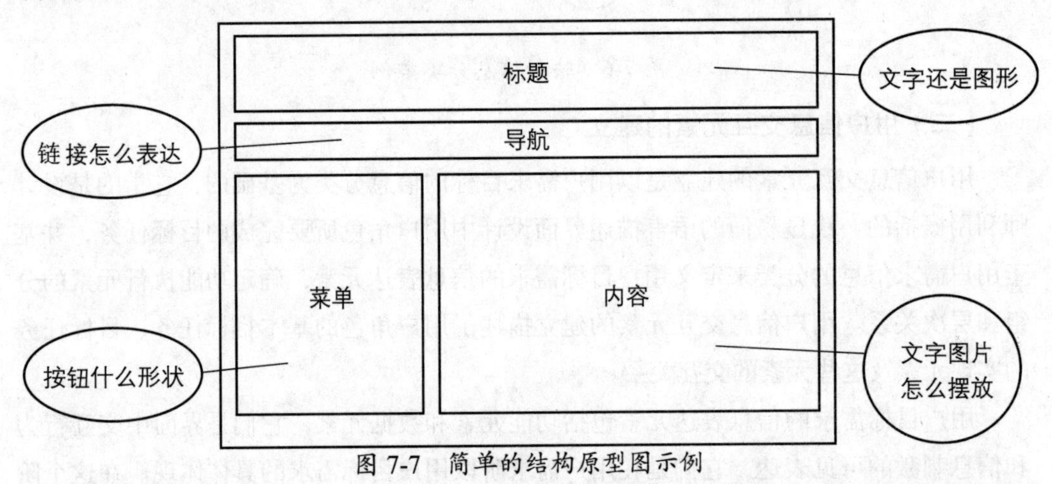

图 7-7　简单的结构原型图示例

设计师在用户信息交互结构的建立初期应该考虑用户在交互过程中需要得到什么样的信息反馈、界面交互结构中应包含怎样的交互方式、交互结构应该细化到什么程度等。用户信息交互结构一般包含以下几种交互方式：问答式对话交互、菜单交互、填表交互、命令语言交互、查询语言交互、自然语言交互。表 7-2 是对上述几种常见交互方式的分析。

表 7-2　交互界面设计中常见的交互方式分析

交互类型	交互方式	交互特点
问答式对话交互	最简单的界面信息交互方式，它是由界面对话框的方式对用户行为给予反馈，并使用类自然语言的指导性提问，提示用户进行回答，用户的回答一般通过硬件交互媒介实现。	1. 优点：容易使用、容易学习，甚至不需要学习、不易出错。 2. 缺点：效率不高、使用速度慢、灵活性差、用户在交互过程中受限制、对信息的修改或扩充很不方便等。
菜单交互	使用较早和最广泛的信息交互方式。它是让用户在一组多个可能信息表达中进行选择，各种可能的选择项以菜单项的形式显示在界面中。一般这种方式只适用于较少数量的选择项。如果选择项过多，一个屏幕显示不下；而且如果选择项对应功能本身又具有逻辑上的层次结构，那么可以使用分层次来组织菜单系统。菜单层次的组织安排将影响到用户对菜单的记忆和操作，以及搜索、选择菜单项的速度。菜单界面可以使用文本或图形表示。随着计算机图形技术的进步和窗口技术的发展，采用直接操纵的图形式菜单得到了日益广泛的应用。	1. 优点：易学习、易使用，用户不必进行专门的培训，不必记忆复杂的命令序列，就可以方便地选择某个选项；通过菜单可以对不同阶段的用户进行指引；便于界面提供用户出错反馈。 2. 缺点：被选信息选项受限制，用户只能完成预定的交互功能；容易降低高级用户的信息交互速度；会占据较多的屏幕显示空间；需要较快的显示速度。
填表交互	自然的界面交互形式。它是具有高度结构形式的输入表格，让用户按要求填写信息，并且全部的输入、输出信息同时显示在屏幕上，所以只要表格设计得好，那么交互过程是清晰可见的。	1. 优点：使用容易、方便、直观；很少需要发挥用户的记忆；可以用简单明了的方式输入交互信息。 2. 缺点：仅使用于输入数据；占用较多的屏幕空间；需要有支持移动、控制光标的硬件交互设备支持；用户需要必要的学习培训。
命令语言交互	命令语言交互起源于系统命令。用户按照命令语言文法，给系统输入命令。系统解释命令语言，完成命令语言规定的功能，并显示运行结果。命令语言可以由简单的命令组成，也可能有复杂的语法。命令语言要求用户记住所有的语法信息，并很好的打字技巧。	1. 优点：使用快速、高效、精确、简明、灵活；不占用信息显示时间和屏幕空间；能够使界面显示紧凑、高效；支持用户的主观能动作用；便于建立用户定义的宏指令。 2. 缺点：需要较多的用户培训和记忆，并且必须严格按照语法规则进行交互使用。

续表

交互类型	交互方式	交互特点
查询语言交互	查询语言交互是用户与数据库交互的媒介，是用户定义、检索、修改和控制交互信息的工具。查询语言只需给出用户的交互要求，而不必描述交互的过程。所以用户使用查询语言界面时，一般不需要通常的程序设计知识，因而方便了用户的使用。设计查询语言界面时，应该对各类用户设计出合适、有针对性的语言形式和界面。	1. 提供类自然语言形式的非过程化的查询语言交互，可以做到易理解、易使用。 2. 提供较灵活的查询结构，可以满足不同知识水平的用户。 3. 查询语言的语句应简洁，拼写成分尽量少，可以减轻用户的记忆和操作负担。 4. 语义设计前后保持一致性，避免出现混淆。 5. 使用通用的信息表达，使信息表达尽可能恰当地反映用户的需求信息，实现信息查询的优化。 6. 应该提供查询帮助。
自然语言交互	使用自然语言与计算机进行交互，是最理想的界面交互方式。这样的界面不但容易被用户使用，而且自然语言的输出结果也容易被用户理解。	1. 优点：自然语言界面无须用户学习就能以自然交流方式使用界面获取信息。 2. 缺点：它的信息输入冗长，自然语言语义可能有歧义；用户需要应用领域的知识基础；除文本信息输入外还要能够对语音进行输入、识别，以及对手写体识别；界面系统必须存储词汇、语法、语义知识，以及应用领域的有关知识和常识；目前计算机智能还不能理解复杂、不完整的、多义性的语句，尤其是交互中的用户的手势、表情等；从自然语言信息表达到用户意图理解，存在着一段距离。

设计师在用户信息交互方式确定后，还应考虑在界面结构中，为用户提供交互帮助的重要结构组成。交互界面的用户帮助和可能的在线帮助的功能组成是界面结构的重要和必要组成部分。虽然大部分用户不会将其作为使用界面进行信息获取时的首要步骤，但帮助部分是用户在交互过程中遇到困难时有效的辅助解决问题的方式。而且有效的界面帮助会提高软件界面的交互使用效率，增强软件界面的交互性和可用性。因此，设计师必须充分重视交互界面中帮助部分的设计。

交互界面的帮助设计应该是以用户的目标和任务为基础和指导展开的。因为用户在使用帮助时是基于自身交互目标和任务来进行帮助搜索的，而不是基于交互界面的交互方式和信息表达。帮助作为交互界面设计的组成部分，应该辅助交互界面使用户交互行为的效率和效益最大化。因此，帮助界面的设计也应满足界面的可视性、交互性及可用性原则。

三、软件界面设计中的信息表达设计阶段

在进行了交互界面的信息概念设计和结构设计之后，设计师就要开始考虑如何运用信息的表达方式将信息内容具体呈现在交互界面中，即计算机的显示器上。软件界面设计中的信息表达设计就是实现这一目的的过程。信息表达设计就是指如何将包含信息内容、信息功能、信息结构的视觉化、听觉化元素，通过合理有效的界面排布呈现在屏幕上。

（一）软件界面的视觉设计

现阶段，人们所接受的界面信息表达设计是图形用户界面的设计，或者说是GUI设计。然而虽然现在的GUI设计外观大都是图形化的，界面设计精美，使用便捷，但仍然会使用户时常感到不满。设计师需要更好地理解视觉设计在软件用户界面设计中的作用。视觉设计师关心的是寻找最合适的表现方式，来交流一些特殊的信息。软件界面交互设计师应该关心的是寻找最合适的交互表达方式，来表达设计师的软件设计行为，使用户能够便捷地、有效地、正确地通过交互界面获取需求信息、完成需求任务。通过本书第三、四章用户的信息认知分析和信息表达的分析，并结合软件界面的特性，我们总结了以下几点软件界面视觉设计的建议：

1. 视觉元素设计

软件交互的视觉元素设计必须是清晰可见的，必须通过用户的信息需求目标以及一系列的设计原则来指导设计，使用户能够识别、理解并应用视觉元素所表达的信息内容。

界面中的视觉化信息应该充分利用视觉对比的方式来加强用户对于有效信息的区分，使信息更有价值，使用户更易理解；代表信息内容的视觉化信息表现必须与信息内容相符合，必须使用户能够理解采用这种视觉表达的原因，以及它所表达的信息结果；当一个视觉信息无法准确表达界面信息内容时，应该采用具有相关性的多个视觉信息进行表达，使信息内容更加清晰、准确；在界面信息表达中，应该采用多种视觉表达方式的结合来传递信息内容，使用户对于信息内容的理解更加有效；界面中每一个视觉信息所表达的内容必须保持前后的一致，这样就不会造成用户对于信息理解的紊乱；当所要表达的信息内容是动态的时候，要将代表不同时间信息内容的视觉元素放置在相同层级的相邻视觉区域内，不要分层放置，这样有助于用户对于全部信息内容的把握。

2. 视觉布局设计

软件交互的视觉布局设计必须充分利用用户的视觉感知和认知能力，指导视觉界

面向用户表达信息的结构布局和信息功能分布。

在界面中应该有效避免多余的、不必要的视觉信息的出现，防止其扰乱界面信息的有效编排；在界面中应该多使用对比、相似的分类方法将信息内容与功能的视觉表达元素分区域或分层来区分和组织；在划分出的每一个视觉区域或视觉层级中应该有清晰明了的视觉信息结构表达，易于用户分辨和理解；在界面中使用的视觉元素应该紧凑、一致并符合所代表的信息内容与功能；在界面中应该保持区域与层级信息排布的统一风格，并且使功能的设置有目的性。

3. 视觉色彩设计

色彩使用是信息视觉界面信息表达的重要辅助，具有很强的信息辅助识别效果，但如果使用不当也可能对信息内容的正确表达造成障碍。

界面中的色彩应用应与其他视觉表达元素结合使用，在界面中与其他视觉元素保持良好的空间关系；在界面中应运用色彩的不同来突出重要信息内容，吸引用户注意力；结合用户对于色彩的心理反应，辅助表达有效的信息内容；通过统一的色彩运用来强化界面信息功能的分类，提高界面信息导航能力，提高用户的信息搜寻和浏览速度；可以通过色彩的帮助有效、合理地划分信息区域与信息层级。

（二）软件界面的隐喻设计

1. 隐喻的概念

隐喻是以相似和联想为基础，通过对两个事物的特征所存在的某一类相似之处的理解，用代表一个事物的词来指代另一个事物的方式叫作隐喻，是一种隐含的、没有明确说出喻体的比喻。在软件界面设计中的隐喻不是一种语言现象，而是一种认知现象，它是用户抽象思维的重要特征，也使用户对界面中大部分的抽象信息的解释成为可能。软件界面设计中信息认知隐喻最重要的概念是从一个比较熟悉易于理解的信息内容域映射到一个不熟悉的较难理解的目标内容。

软件界面的隐喻设计是依赖于用户在交互界面视觉信息表达与信息内容和功能之间建立的直觉联系来传达信息的。用户识别隐喻信息是通过对信息内容的外延理解实现的。界面隐喻识别将现实世界用户熟悉的、已知的、具体的事物、概念、经验和行为映射到虚拟的软件界面信息世界，把信息这个抽象的、无视觉特征的东西表现为可见的视觉层面的表达，使界面所承载的信息内容都是用户熟知的、体验过的，给用户一个有形的、可感知的界面表达，从而减少用户必需的认知努力，减轻用户思维、学习和记忆的负担。隐喻识别是一种通过用户大脑进行推理的高效信息识别方式，因此用户对于隐喻信息表达的理解取决于用户大脑中建立这种信息联系的知识或推理能力。

2. 隐喻的分类

研究表明，当前隐喻在软件界面设计开发中的应用可包含概念隐喻、符号隐喻和行为隐喻三部分内容。

概念隐喻是通过信息相似特征的比较，使得一个抽象的信息内容可以通过另一个用户熟悉或具体的信息内容来替代，从而将复杂、陌生、概念性的信息转变成简单、熟悉和具体的信息表达。如交互界面中回收站的隐喻表达就是现实生活中的垃圾桶的形象表达，如图 7-8 所示。

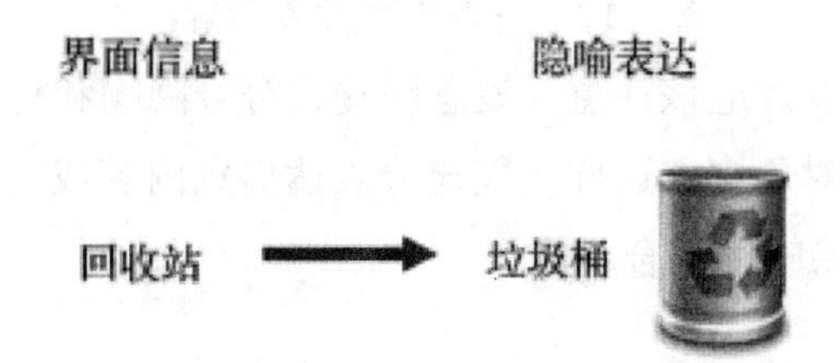

图 7-8　界面中的概念隐喻

符号隐喻是利用符号来表示界面的信息内容，并且能够被用户理解为所需的信息含义或功能。因为用户在进行信息交流表达时，需要借助各种载体；用户在理解各种界面信息时，要把抽象信息进行一定的概括，符号就是这种载体和概括的有效表达方式。而为了便于理解符号，符号的隐喻表达是必不可少的。在交互界面中符号隐喻主要以文字和图形的形式存在。如交互界面中存储的隐喻表达就是现实生活中用户常用的存储介质软盘的图形，如图 7-9 所示。

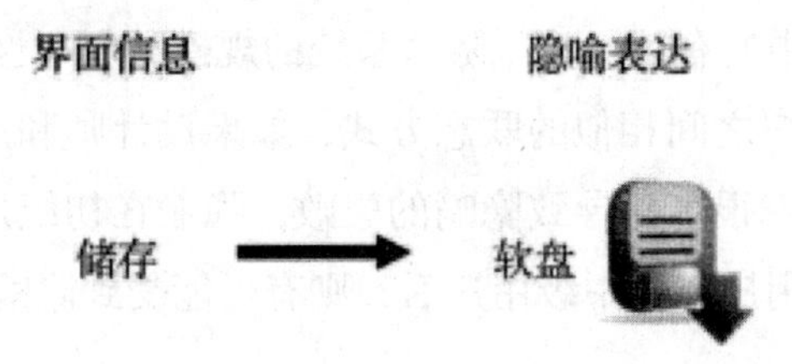

图 7-9　界面中的符号隐喻

行为隐喻源于启示作用的应用，交互界面中的启示作用就是用户提示。在界面设计中行为隐喻即指界面视觉元素的提示性，这种提示使得用户对界面信息表达应该采取什么交互行为一目了然。如界面中播放器前进、后退按钮的隐喻表达就是有指向性提示的箭头符号，如图 7-10 所示。

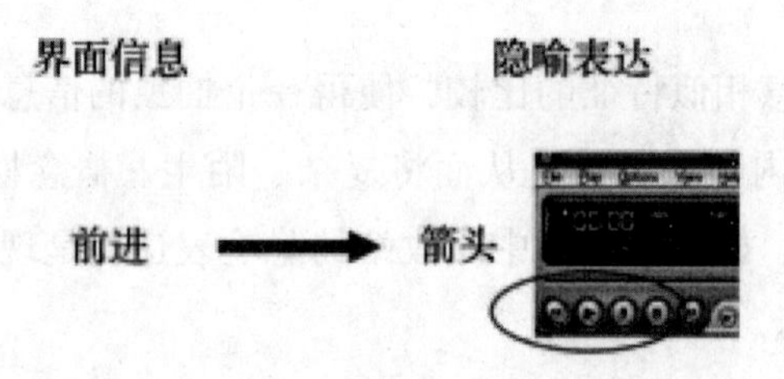

图 7-10　界面中的行为隐喻

交互界面设计中的设计应该注意：概念隐喻、符号隐喻和行为隐喻常常需要同时存在于同一个界面隐喻对象中，这样才能充分表达信息内容或功能，如按钮的设计一般就是符号隐喻和行为隐喻的综合应用。

3. 隐喻的作用

交互界面设计中隐喻的运用可以增强界面信息表达的可读性和可理解性，给用户提供了一个易识别、易理解的交互界面，便于用户识别信息内容与功能；界面隐喻能够减轻用户的信息记忆压力和学习负担，使抽象的界面信息变得真实和可见，更具人情味和亲和力；界面隐喻在界面信息的跨文化交流和克服语言障碍上有显著的效果；界面隐喻表达可以用更少的空间来描述复杂的信息内容或功能，简化界面信息结构，为用户提供更为直接的信息交互，从而提高界面使用效率，使界面更加整洁美观。

4. 隐喻的局限

交互界面设计中的隐喻设计也存在着一定的局限性。隐喻不具有可扩展性，在一个简单程序的简单过程中的有效隐喻，随着系统的规模和复杂性的增加，可能会失败；隐喻依赖于设计师和用户之间相似的联想方式，如果设计师和用户没有相同的文化背景和相似的生活经历，就很容易导致隐喻的失败；隐喻在初级用户提高学习能力方面有很好的作用，当初级用户成为中级用户后，则有可能受到隐喻的束缚。

5. 隐喻设计的要求

交互界面设计中的隐喻设计有一定的设计要求：隐喻设计必须选择合适、合理的隐喻对象；如果软件界面中隐喻信息元素的形式一旦被确定，就要在界面中保持这种隐喻形式的统一性，在同一界面中不能随便地变换同一信息内容或功能的隐喻设计；软件界面设计中的隐喻对象要考虑到其国际化，使之在世界不同地区能够得以识别，使隐喻设计具有广泛的通用属性；软件界面设计中有时要避免将整个信息内容或功能进行隐喻设计，这样可能会为用户快速而有效地输入信息造成障碍，甚至有时候界面的视觉表达已经比隐喻设计更易传达信息内容，这时候就不需要隐喻设计的存在了。应该结合信息内容与功能及其在界面中的视觉表达效果来合理确定是否需要界面的隐喻设计。

四、软件界面设计中设计实施模型的建立

交互界面设计实施模型如图 7-11 所示。

图 7-11　交互界面设计实施模型图

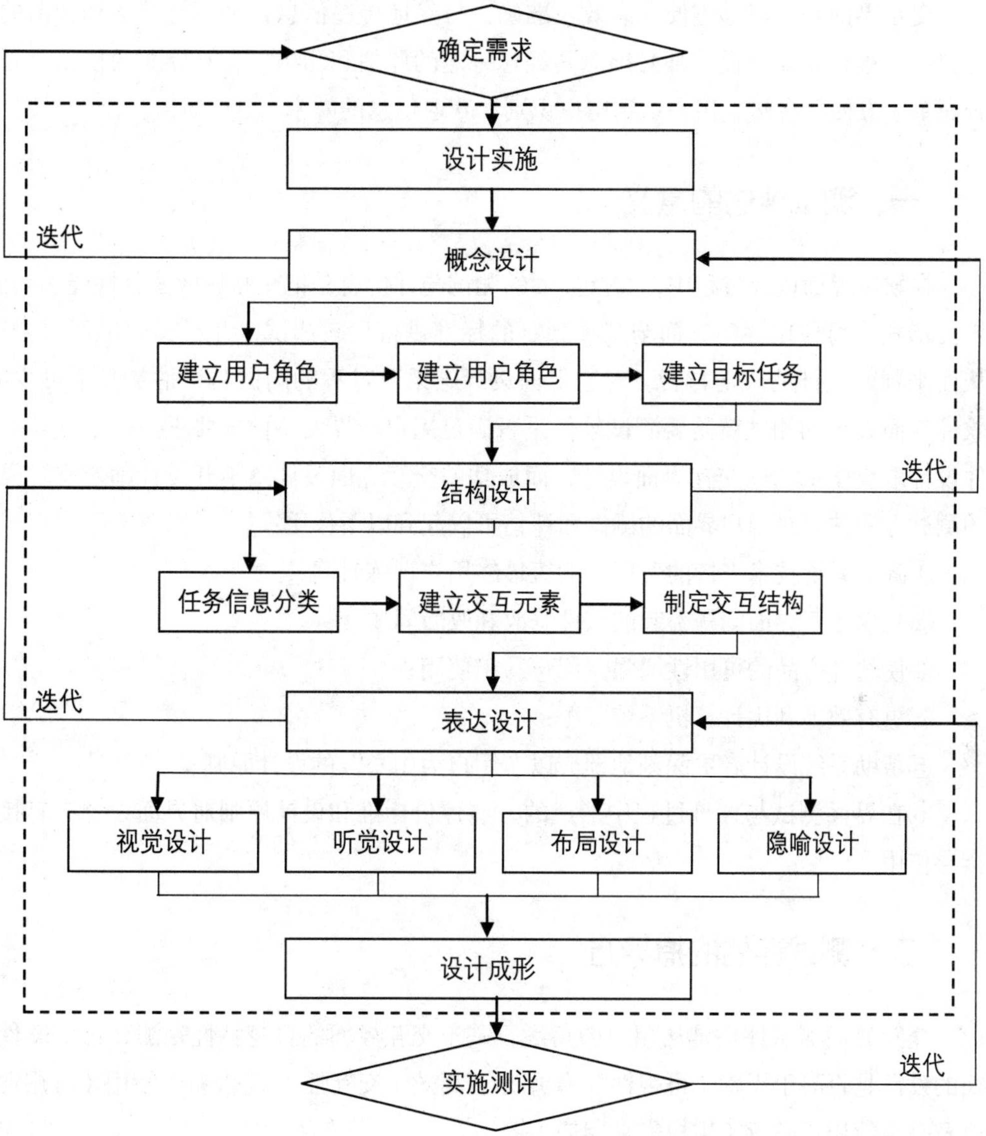

第九节　软件界面设计中的测试与评估模型与设计对策

交互界面是否能够方便、有效、准确、自然地传递信息，是否能够达到和谐的信息交互过程，就要求设计师必须对其经过一定的评估和测试。交互界面的信息交互是否简单、方便、自然直接关系到用户识别、获取信息的效率。

一、测试评估的意义

在软件界面设计过程中，交互界面的测试与评价就是把交互界面按其性能、功能、界面形式、可使用性等方面与某种预定的标准进行比较测试，并对其做出评价分析，从而来判断设计的成功与否。对于界面设计结果及过程的测试与评估是必不可少的。软件界面设计的测试就是要测试软件是否满足用户与界面特性的要求。一个成功的软件设计取决于成功的交互界面设计，而成功的交互界面设计离不开设计师对交互界面的测试与评估。对用户界面的测试和评估可以起到以下作用：

①降低系统技术支持的费用，缩短最终用户训练时间；

②减少由于界面问题引起的软件修改和改版问题；

③使软件产品的可用性增强，用户易于使用；

④更有效地利用计算机系统资源；

⑤帮助系统设计者更深刻地领会以“用户为中心”的设计原则；

⑥在界面测试与评价过程中形成的一些评价标准和设计原则对界面设计有直接的指导作用。

二、测试评估的指导方针

交互界面测试评估是从用户的角度，基于交互界面的自身特性来测试评估软件界面的设计是否易于识别（可视性）、使用是否高效（交互性）、是否易于使用（可用性），以及是否使用户满意（用户需求期望）等。

（一）界面可视性指导方针

界面设计是否易于识别，即是否满足交互界面的可视性特点及相关设计原则，其核心是软件界面的可视化效果是否满足用户的感官认知能力，界面信息表达是否清晰可见、易于理解和识别等。

（二）界面交互性指导方针

界面使用是否高效，即是否满足交互界面的交互性特点及相关设计原则，其核心是界面的设计是否易于学习、易于记忆、易于实施交互行为等。

（三）界面可用性指导方针

界面是否易于使用，即是否满足交互界面的可用性特点及相关设计原则，其核心是界面的设计是否保持较好的一致性，是否易于操作，是否支持容错，是否能有效提供帮助等。

（四）界面的用户满意度指导方针

界面是否使用户满意，指的是界面设计是否安全可靠、使用是否舒适、用户是否感兴趣和感到满意等。

三、测试评估的方法

交互界面的测试是用来评价界面是否达到用户的需求，是否满足用户的需求目标，是否能够帮助用户完成预定任务，从而使用户有效获取所需信息。因此，交互界面设计测试与评估的方法可以基于交互界面的设计方法展开。它包括实验测评法、用户测评法、专家评估法。

（一）实验测评法

实验测评法是通过对成形的界面设计采用基于理论支持的科学实验手段进行测试评价的方法。它需要对界面设计中比较重要的交互环节，运用科学实验和数学工具进行理论分析、推导和计算，得到定量的评价参数，并进行比较评估。如指标数值对比、功能应用评分等。这样的实验测评法所得到的评价参数较为准确，但代价较高。

（二）用户测评法

用户测评法包括两部分内容：对用户直接参与的调查和对虚拟用户使用的观察。

对用户直接参与的调查是在真实用户使用成形交互界面之后，对用户真实使用后的感受进行的研究分析。对真实用户的感受调查可通过问卷调查法和用户访谈法来完成。对用户直接参与的调查可以真实反馈用户对软件界面设计的意见、用户的满意度状况以及软件界面的可用性问题等。

对虚拟用户使用的观察是模拟用户经常采用的交互行为或使用的命令来执行给定的任务，给出他们所期望的结果，并对虚拟用户的使用进行记录分析。最基本的虚拟用户使用形式为一系列待解决问题的虚拟交互操作。虚拟用户使用中，可以采用模拟用户在交互界面中的实际行为方式来分析所模拟的交互参数，例如，可以测量命令的使用频率、使用正确性、错误率以及错误类型等。这种方法成本较低。

（三）专家评估法

专家评估法是通过交互界面设计和人机工程学方面的专家来对交互界面进行评估的方法，通常包括经验评估、启发评估和步进启发评估。当界面内容不多、交互方式不太复杂时，可以根据专家的经验采用简单的评价方法对交互界面的交互使用做定性的粗略分析和评价，叫作经验评估。如采用淘汰法，经过分析，直接去除不能达到交互目标要求的方案或不相容的方案。启发评估是根据用户需求分析、交互界面的设计原则和要求，以及专家自身的专业性知识对交互界面的可用性进行评估。步进启发评估是由专家来模拟初级用户使用软件界面的过程，并在这个过程中发现可能的、潜在的可用性问题。

四、测试评估的内容

一般情况下，交互界面设计测试与评估的总体目标是实现交互界面的用户信息识别。实现这一目标的基本要求包含四项内容：交互界面是否实现其可视性，是否实现其交互性，是否实现其可用性，以及交互界面是否使用户满意。用户信息的识别是一个多因素概念，涉及容易学习、容易使用、系统的有效性、用户满意度，以及把这些因素与实际使用环境联系在一起，针对特定目标的评价等。

为了使交互界面设计测试与评估能够有一个相对量化的标准，采用界面评价清单是一种有效的测试方法。清单由一系列用于评估可用性的具体问题组成，这些问题为那些界面评估人员提供了一个标准化和系统化的方法，使他们能找出并弄清存在问题的领域、待提高的领域和特别优良的方面等。表 7-3 是根据用户需求、界面设计目标和原则，以及界面设计的内容整合分析得出的交互界面设计测试与评估常用的具体内容清单。

表 7-3 交互界面设计中测试与评估的基本内容

基本内容	具体内容
可视性测评内容	1. 界面信息表达式是否可辨识； 2. 界面信息表达是否符合信息内容； 3. 界面信息表达式是否易于查找； 4. 统一信息界面表达是否一致； 5. 界面是否为不同信息提供了不同的表达； 6. 界面信息隐喻表达是否准确； 7. 不同信息表达是否有明显区分； 8. 界面色彩表达是否多余； 9. 界面的色彩表达是否符合常规； 10. 界面色彩表达是否准确； 11. 彩蛋、功能、命令表达是否清晰； 12. 界面信息排布是否合理、有效； ……
交互性测评内容	1. 界面是否具备直接交互功能； 2. 交互方式是否灵活； 3. 用户是否可以灵活进行交互； 4. 界面是否提供灵活的用户指导； 5. 界面是否为用户提供好的训练； 6. 界面是否支持用户自定义交互方式； 7. 界面菜单、命令语言、功能是否有层次； 8. 界面菜单、命令语言、功能分层是否合理； 9. 界面菜单、命令语言、功能顺序是否合理； 10. 界面是否为相关交互行为提供组合功能； 11. 交互方式的切换是否方面； 12. 交互过程是否简单； 13. 交互方式是否能有效减少用户记忆负担； 14. 界面反馈信息是否合理、有效； 15. 界面是否提供帮助； ……
可用性测评内容	1. 界面交互方式是否保持一致； 2. 交互是否提供索引和查找； 3. 界面是否容错； 4. 界面相应的速度如何； 5. 指导信息是否总能够得到； 6. 帮助与培训是否有效； 7. 界面是否提供重新开始的功能； 8. 界面是否能够重新开始的功能； 9. 界面是否提供撤销的功能； 10. 界面是否提供默认操作； ……

续表

基本内容	具体内容
用户满意度测评内容	1. 用户交互结果是否符合用户期望； 2. 界面交互方式是否符合用户技能水平； 3. 界面信息表达是否符合用户习惯； 4. 界面是否安全可靠； 5. 界面使用是否舒适； 6. 用户对界面是否感兴趣； ……

五、测试评估模型的建立

交互界面设计测试与评估的一般流程是测试评估的前期准备：确定测试的内容、选择测试的方式；测试评估的实施：根据测试内容和所选测试方式实施具体测试；测试评估的结果：对测试进行总结分析，并给出可用性的评估报告。交互界面设计测试评估模型如图 7-12 所示。

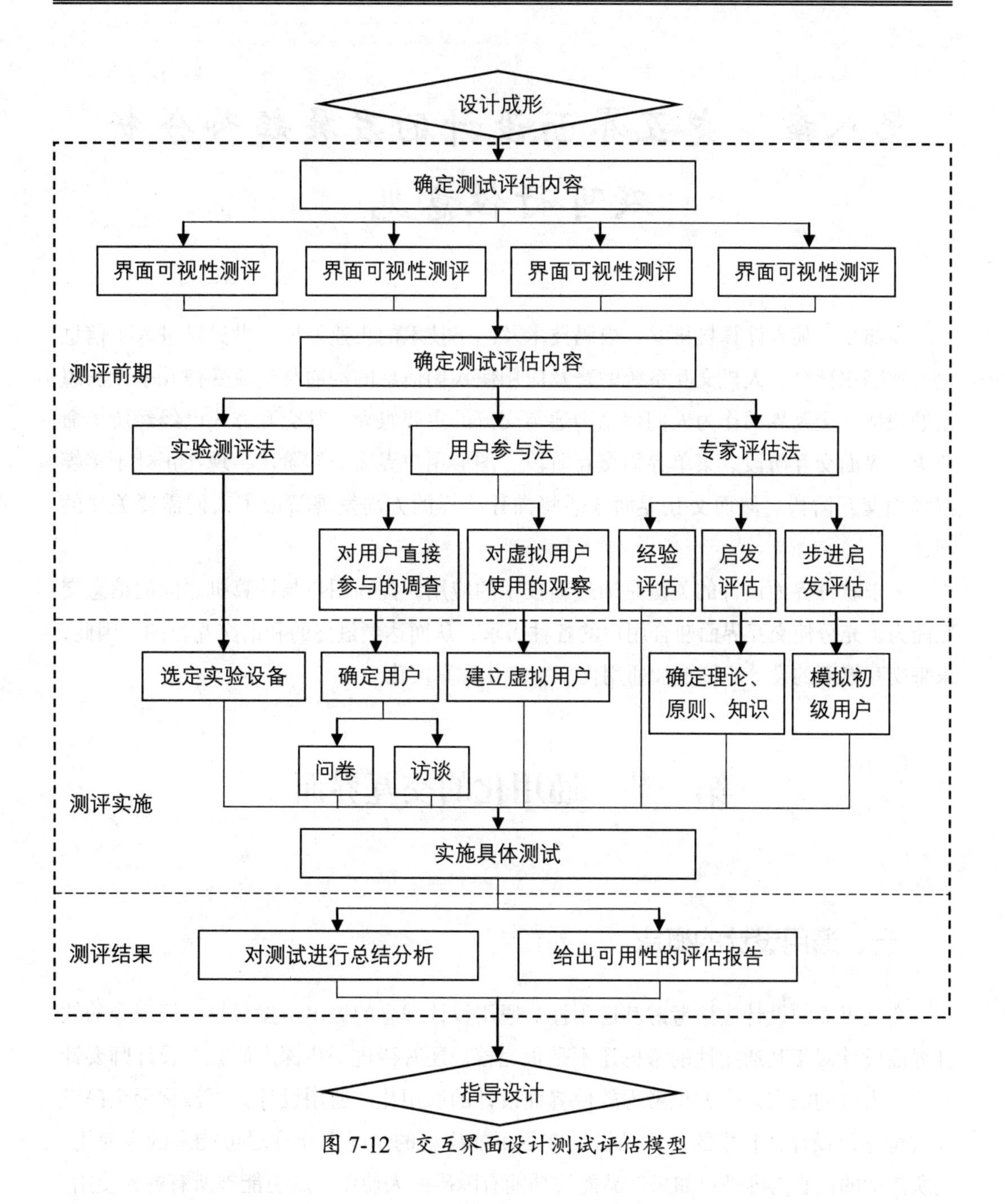

图 7-12　交互界面设计测试评估模型

第八章　交互界面设计的发展趋势分析及可行性意见

现如今，随着计算机科学、数码技术及网络技术的飞速发展，世界已进入了信息化、数字化社会。人机交互系统的普及应用使人们信息的沟通与交流变得几乎无法想象的快捷。交互界面作为人们信息沟通与交流的主要媒介，其交互方式已经经历了命令语言界面交互阶段、菜单界面交互阶段、图形用户界面交互阶段，现在正处于多媒体界面交互阶段。然而交互界面今后将向什么样的方向发展就成了人们需要关注的问题。

未来软件界面设计的关键是通过新技术的应用，提高用户与计算机之间的信息交互能力，充分使交互界面迎合用户的各种需求，从而达到最终的和谐交互目的。因此，未来交互界面的设计应该更加通用化、智能化和真实化。

第一节　通用化的交互界面

一、通用设计的概念

交互界面的设计应该考虑其通用性。通用设计理念的提出虽然很早，但现今的软件界面设计对于其通用性的考虑还不是很完善，还有待进一步深入研究。设计师要针对不同人群的需求来全方位考虑软件界面设计的通用化。通用设计又可被称为全民设计或全方位设计，它指的是产品设计在尽可能广泛的情况下允许尽可能多的人使用。它所传达的核心内容是：如果产品能被功能有障碍的人使用，就更能被所有的人使用。通用设计是一种现代设计方向，设计师应该努力在每项设计中考虑尽可能多的用户的需求，尽量达到产品的通用性。在 1990 年，Ron Mace 与一群设计师为通用设计制定了七项原则，如表 8-1 所示。

表 8-1　通用设计的七项原则

原则	内容
能够公平地使用	设计对各种能力的人都是有用的，设计的使用应该是公平的。这种设计对任何使用者都不会造成伤害，或使其被排斥和受到歧视。
支持灵活的应用	这种设计涵盖了用户广泛的个人喜好及能力，可以通过应用方法的选择或对用户步调、精确性和习惯的适应来实现。
提供简明而直观的应用	不论用户的经验、知识、语言或专注程度如何，这种设计的使用都很容易被用户理解和掌握。设计都会支持用户的期望，都应尽可能提供提示和反馈。
提供显而易见的信息	不论周围环境状况如何，用户感官认知能力如何，这种设计都能通过有效的信息传达方式传递用户所需的必要信息。这里的信息应该以不同的表达方式来传递，应该强调重要信息，使其与其他信息区分开，从而支持不同感官认知能力的用户获取信息。
具有容错能力	这种设计将危险及因意外或不经意的动作所导致的错误或不利后果降至最低。即使操作失败，用户也会感到系统是安全的。
减少体力付出	这种设计应该是舒适的，可使体力消耗和疲劳最小化，可以有效、舒适及不费力地使用。
提供足够的空间和尺寸	不论使用者体型、姿势或移动性如何，这种设计提供了适当的大小及空间供用户接近并操作及使用，还能够使用户感到舒适。

二、交互界面设计的通用设计原则

结合交互界面设计的需求，本节基于以上通用设计的基本原则提出了交互界面设计中应该遵守的通用设计原则：

（1）交互界面中所有用户使用该界面的使用效果应该是相同的，要避免隔离或排斥任何用户，提供所有用户同样的交互保障和行为安全，使所有用户对界面的设计感兴趣并且能够愉快和舒适地进行交互使用。

（2）交互界面能够提供多种交互方式以供不同用户选择；支持不同用户习惯的不同交互行为，并保证使用的精确性和明确性。

（3）排除界面中不必要的复杂性，界面设计要尽量与用户的期待和直观感觉保持一致，界面适应一个大范围的语言能力和文化程度的用户使用，将界面信息按其重要性排列，每当完成交互任务之后提供有效的实时反应和反馈信息。

（4）使用不同的信息表达形式（如图形化的、语言化的、触觉的），将必要的界面信息以多种形式展现出来；必要的界面信息应该突出；使界面基本信息的表达具有最大限度的识别性；把界面中各个信息元素按照所表达的方式分类，从而以更容易的方式给出使用说明；提供对不同级别用户的技术支持，满足感官方面有缺陷的用户的需求。

（5）合理安排界面信息元素，使其减少可能的交互错误，最常用的交互元素应该最容易使用；每当交互错误出现的时候，应及时提供警告；应具备处理错误的安全机制。

（6）让使用者保持他们习惯的认知方式；采用合理的交互表达来集中用户注意力；减少重复的交互使用和识别，降低用户记忆负担；最小化用户所承受的精神压力并防止用户疲劳。

（7）软件界面设计提供合理的操作布局，使不同用户可以根据自身条件有效地进行交互使用。

三、交互界面设计的通用设计实施意见

通过对通用设计概念的理解和对上述通用设计原则的分析，我们可以总结出在交互界面通用化设计中应该注重多样性的设计。

多样性设计的考虑可以达到交互界面的通用性，它需要考虑不同因素对于界面设计的影响，如不同身体机能的用户对于界面设计的要求、不同年龄人群对于界面设计的要求，以及不同文化背景下的界面设计要求等。交互界面的多样性设计包括为残疾人用户进行的设计、为不同年龄用户进行的设计以及为不同文化进行的设计。

（一）对残疾人的考虑

每个国家都存在一定比例的残疾人用户，他们对于使用交互界面来获取信息都有着渴望，各个国家都在其残疾人保护法中提出了对于残疾人使用软件产品进行信息交互的法律上的要求。因此，在软件界面设计中应该考虑这类用户人群的使用需求，不应该因为设计的缺陷限制残疾人的软件界面使用。设计师应该针对不同感官和认知能力的损伤来进行界面的多样性设计。软件界面的残疾人用户一般包括单独的视觉损伤、听觉损伤或认知损伤的用户。对于视觉损伤的用户，界面应该提供声音和触觉应用来帮助用户识别信息。对于听觉损伤的用户，他的听觉损伤对于界面信息的识别不会造成太大的影响，设计师只需要在界面中增加与听觉信息表达内容一致的视觉信息表达即可。对于认知损伤的用户，界面应该提供一致的信息导航结构和清晰易懂的提示性标识等，还要通过色彩和图形的合理运用增强信息内容的可理解性。

（二）对不同年龄用户的考虑

在软件界面设计中应该考虑不同年龄用户对于界面信息认知的差异，因为年龄的差异会导致用户对于信息理解的差异。在软件界面交互过程中不同年龄差异的特殊用户主要指老年人和儿童。对于老年人用户，随着年龄的增长，其认知能力也有所下降，主要表现在记忆方面和对学习的厌恶方面，但基本的通用设计原理仍然适用，但要注意在界面中应用信息表达的冗余来增强老年用户的信息认知，信息表达应该清楚、简单并且允许出错。此外设计师还应该抱有同情心，界面的帮助还应该针对老年用户当

前掌握的知识和技能，并使老年人有效地参与到设计过程中来。对于儿童用户，他们的需求是多种多样的，应该让儿童用户有效地参与到设计的过程中来，应该采用合作请求法使用基于上下文的询问，应用儿童熟悉的纸质原型使设计师与儿童站在同一立足点上参与建立和提炼界面原型设计。在交互界面中，基于笔的界面形式是一种有用的、可选择的针对儿童的交互方式，并允许多种信息输入模式的应用。设计中通过文字、图形和声音信息表达的结合显示也会增强儿童用户的信息识别。

（三）对不同文化环境下用户的考虑

在软件界面设计中应该考虑不同文化对于交互界面设计的影响。设计师应该充分考虑不同文化环境下同一信息内容的不同表达方式。设计师应该分析抽取所要传达信息的关键特征，如语言、文化符号、色彩象征等，并结合通用设计原则进行设计。

第二节　智能化的交互界面

尼古拉斯·尼葛洛庞帝曾指出：一般情况下，交互界面的设计不仅和界面的外观或给人的感觉有关，它还关系到个性的创造、智能化的设计，以及如何使机器能够识别人类的信息表达方式。软件界面的设计发展并不只是为人们提供更大的屏幕、更好的音质和更易使用的图形，而是让交互界面认识用户，了解用户的需求，识别用户的语言、表情和肢体行为等。因此，智能化的交互界面是必然的发展趋势。

智能化的交互界面是人机界面的发展方向，它致力于改善交互界面的可用性、有效性和自然性。智能交互技术很早就已提出，无处不在的计算对交互界面设计提出了新的需求。自适应交互界面（Adaptive User Interface，AUI）、多通道交互界面（Multi-modal User Interface，MUI）出现并获得迅速发展。自适应用户界面能够改变自己的工作状况去适应某个用户或某一项任务。而多通道用户界面利用人的多种感觉通道和动作通道（如语音、手写、表情、姿势、视线等输入），以并行、非精确方式与计算机系统进行交互，以提高人机交互的自然性和高效性。多通道人机交互研究正在引起越来越广泛的关注。

一、多通道交互界面

大多数交互界面的信息表达方式都是基于用户视觉感知通道的视觉信息表达，通常包括图形、文字、图像和动画。交互界面中的多通道交互设计就是要求设计师除了考虑使用视觉表达之外，还可以考虑使用其他信息表达方式。多通道交互界面的优点在于：使用多个感觉和效应通道；支持三维的和直接操纵的信息表达；支持非精确的双向性交互信息和隐含性交互信息的交互。在交互界面中，通过听觉信息表达来传递信息的交互方式是交互界面可以选择的另外一种交互方式。听觉是用户一个重要的信息获取方式，听觉感知对用户具有感染作用，会为用户提供全新的交互体验。

在交互界面中的听觉信息界面设计应该对用户听觉感知能力的分析和听觉信息表达研究的基础上，尽量满足以下几项要求，这几项要求都是针对听觉界面导航系统的，因为听觉界面设计的关键就是导航系统。设计师在进行设计时应该注意：听觉界面设计应该根据用户的心智模型来组织和定义信息内容与功能，要研究信息内容来决定界面中哪种功能最重要，哪种功能最容易获取听觉信息；听觉界面应该在用户的每一次交互行为之后，重申当前的可用功能，并且说明怎样激活它们，使得用户总是可以了解当前的听觉信息表达中可用的功能；听觉界面应该在用户每个交互行为之后，提示用户如何返回到功能结构的前一步，以及如何返回功能界面的最顶端；在可能的情况下听觉交互界面应该在用户完成每个交互行为之后，尤其是当用户遇到使用困难时，提示用户如何转向其他认知方式来获取信息；听觉界面应该为用户提供足够的对于界面信息反馈的响应时间，以便用户能够对听觉信息反馈做出充分的响应，而不至于造成对信息内容的误解。

在交互界面设计中，触觉感知的应用也开始被人们所重视。现在界面的自由触控（Free Touch）理念已在手机等通信产品的软件界面设计中被广泛采纳。这也将为软件界面的多通道设计提供更加完备的交互方式。但软件界面的触觉设计需要遵循用户的触觉感知要求。

综上所述，多通道交互设计利用用户其他感官认知通道可以减轻视觉通道提供所需信息的压力，从而改善界面交互的效率。多通道交互设计的应用增加了用户与计算机进行信息多维化交互的可能，使交互界面应用得更加舒适自然。但同时使用多通道表达同一信息时，要注意信息内容表达的一致性。

二、自适应交互界面

自适应交互界面系统是当今研究的热门话题，也是交互界面设计发展的重要方向。很多研究表明人类对技术和计算机的反应与对人类合作者的反应很类似。因此，如果交互界面设计所表达的人格特征与用户相似，更容易被用户所接受。可以感受并对用户情感进行反应的交互界面设计可能更容易被用户所接受。自适应交互界面的实现就可以达到这个目的。自适应交互界面是以用户模型的获取和应用为基础，使界面交互行为适应于个体用户的一个交互界面系统。

实际上，在自适应用户过程中，对用户适应性的程度取决于用户模型。自适应交互界面设计需要三个模型：系统模型、其他系统模型以及交互模型。界面自适应机制的复杂性取决于这些模型的质量。系统模型描述了交互界面可以被改变的特征，比如界面能够去适应或者自适应的内容。这些内容可能是物理级别上的，如界面的布局；可能是逻辑级别上的，如界面的逻辑结构与功能；也可能是任务级的。其他系统模型描述了自适应系统能够适应的界面系统的属性。某种情况下，该模型实际上是用户模型，表达了用户的属性。

研究调查表明，软件界面的自适应特性的内容包括：交互界面为用户提供的信息不仅仅需要考虑用户的认知因素，也应该考虑用户的非认知因素，并同时具有催化和激发机制，这样才能更好地适应当前用户和当前任务。这就要求设计师在进行界面设计时，充分考虑用户认知因素的外延即非认知因素，除了考虑用户对信息的喜好外，还要考虑界面对用户的其他情感、个性或动机的适应；界面提供的信息表达除了要减轻用户的认知负担外，还要适应用户心理的变化；界面要考虑如何为用户习惯和经验注入新的刺激，从而适应用户基于习惯或经验的信息交互行为。

结合软件界面的自适应特性内容，自适应交互界面设计的原则应该包含以下内容：界面应该能够根据上下文环境准确地了解用户的交互意图，做出正确的反应；界面应能根据用户的特点，以及所要输出信息内容的类型、当时的环境来选择适当的交互方式和表现形式，自动生成相应的信息反馈；能够帮助用户获得反馈信息，并为用户分析信息；提供与当前任务相关的、适应用户知识背景的、优化的信息反馈，从而支持用户快速达成需求目标；应该为用户提供最为有效的信息表达；界面应该通过当前的可见链接，帮助用户在信息交互中快速导航；界面信息内容应以用户期望的方式表达；自适应交互界面应该可以激发用户对当前内容的兴趣，并会定期或不定期提供新的信息刺激，以能维持用户必要的注意力；界面信息内容还需要帮助用户学习或管理、引导交互方式等。

第三节　真实化的交互界面

一、虚拟现实技术在交互界面设计中的应用

真实化的交互界面的实现要基于虚拟现实技术（Virtual Reality）的应用，它是未来交互界面的主要发展方向。真实化的交互界面是将用户生活的场景或交互情景通过

计算机虚拟现实技术的处理以三维空间的立体化信息表达方式呈现在界面当中，使用户如同进入了日常生活中真实的交互环境，从而使信息的传递更加有效。“真实化”的含义是指具有真实感的立体图形，它是某种特定现实世界的真实再现。用户可以凭借视觉、听觉、触觉等方式通过软件界面实施“真实化”的交互行为，从而使用户产生“身临其境”的感觉。因此，虚拟现实技术作为一种可以创建和虚拟现实世界体验的计算机技术，为交互界面设计提供了新的交互体验，也将使交互界面的设计真正达到无障碍化。

虚拟现实技术是一门涉及众多学科的新的应用和实用技术，是集先进的计算机技术、传感与测量技术、仿真技术、微电子技术等为一体的综合集成技术。在计算机技术中，虚拟现实技术的发展又特别依赖于人工智能、图形学、网络、人机交互技术和高性能计算机技术等。要实现真实化的交互界面就需要将这些技术手段整合应用到界面设计中来。这些技术手段也是未来交互界面设计的重要技术支持。虚拟现实技术在交互界面设计中的应用如图 8-1 所示。

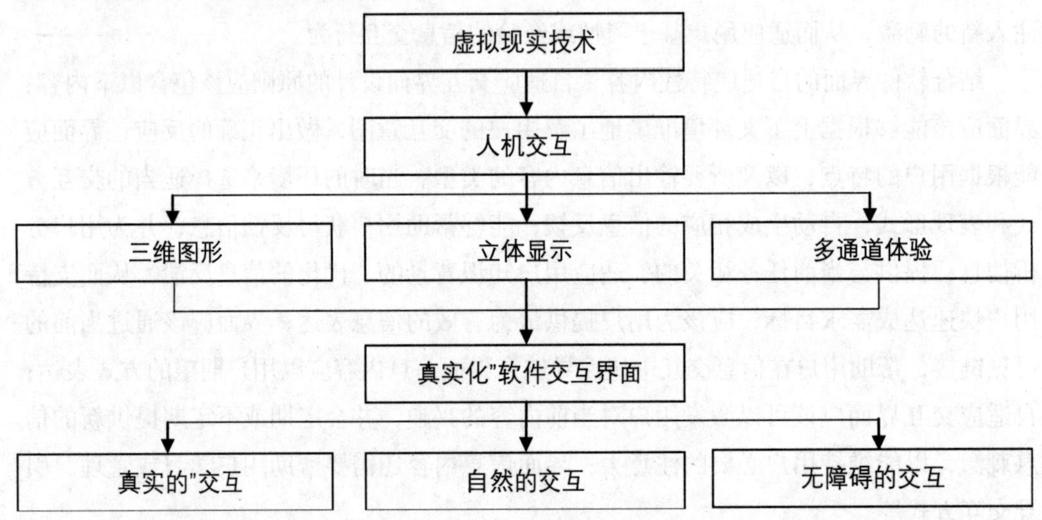

图 8-1　虚拟现实技术在交互界面设计中的应用

二、真实化交互界面的特点

基于虚拟现实技术的真实化交互界面设计最终会使得界面的信息交互增添更多的优点：用户作为信息交互的主体存在于真实化的交互界面中进行交互行为会感到真实和亲切，理想的界面虚拟环境应该达到使用户难以分辨真假的程度，甚至超越现实状态，如界面信息表达具有比现实更加逼真的色彩和空间效果等；用户对真实化的交互界面的操作和所得到的反馈是自然的、实时的，如用户可以随时触摸界面中的虚拟实境的信息表达，及时地获取关于信息“真实化”的质感、重量等自然反馈，从而更好地理解信息内容；真实化的交互界面可以使用户沉浸在多维信息空间中，依靠自己的感知和认知能力全方位地获取界面信息和所需知识，充分发挥作为交互主体的主观能动性，从而自然地、合理地、有效地寻求问题解答，获得需求的信息。

参考文献

[1] 曾庆抒 . 汽车人机交互界面整合设计 [M]. 北京：中国轻工业出版社 ,2019：12.

[2] 陶薇薇，张晓颖主编；石磊，阚洪副主编 . 人机交互界面设计 [M]. 重庆：重庆大学出版社 ,2016：2.

[3] 殷继彬 . “接触 + 非接触”式交互界面的设计与研究 [M]. 昆明：云南大学出版社 ,2018：7.

[4] 郭会娟，汪海波 . 基于符号学的产品交互界面设计方法及应用 [M]. 南京：东南大学出版社 ,2017：8.

[5] 殷继彬，等 . 笔 + 触控交互界面的设计策略与研究 [M]. 昆明：云南大学出版社 ,2016：6.

[6] 薛澄岐 . 复杂信息系统人机交互数字界面设计方法及应用 [M]. 南京：东南大学出版社 ,2015：11.

[7] 周晓蕊作，王建民总主编 . 交互界面设计 [M]. 上海：同济大学出版社 ,2021：2.

[8] 康帆，陈莹燕编著 . 交互界面设计 [M]. 武汉：华中科技大学出版社 ,2019：1.

[9] 陈阁 . 基于驾驶人视觉特性的汽车交互界面设计研究 [M]. 北京：北京工业大学出版社 ,2022：7.

[10] 陈凯晴编 .APP 交互界面设计 [M]. 南京：江苏凤凰美术出版社 ,2022：8.

[11] 鞠月主编 .UI 交互界面设计 [M]. 沈阳：东北大学出版社 ,2020：7.

[12] 戴小乐编著 . 交互与界面设计 [M]. 北京：中国轻工业出版社 ,2019：7.

[13] 李洪海，石爽，李霞 . 交互界面设计 [M]. 北京：化学工业出版社 ,2019：8.

[14] 李娟莉 . 高等学校设计类专业教材现代人机交互界面设计 [M]. 北京：机械工业出版社 ,2022：9.

[15] 刘静 , 李林 , 张玲 , 等 . 一种协同多种类型交互界面设计的组态软件 [J]. 2023(7).

[16] 朱若榕 . 人机交互软件界面设计的重要性 [J]. 文化产业 ,2023(12)：153-155.

[17] 王力 . 浅析以用户为中心的软件界面交互设计中用户出错 [J]. 工程与管理科学 ,2022,4(10)：41-43.

[18] 齐红 , 陈远宁 . 基于大数据的手机 App 显示界面交互设计 [J]. 景德镇高专学

报,2022(3):037.

[19] 姜晨 . 基于用户体验的青年群体交互界面设计研究 [J]. 互联网周刊 ,2022(19):10-12.

[20] 任燕王思行 . 游戏用户界面设计的交互性优化趋势浅析 [J]. 数字技术与应用 ,2022,40(9):183-186.

[21] 郭子钰 . 国家反诈中心 APP 适老化交互界面设计研究 [J]. 大众标准化 ,2022(4):4.

[22] 黄思瑜 . 基于 Qt,VTK 的斜拉桥软件 GUI 设计 [D]. 重庆交通大学 ,2022.

[23] 孙莹 . 手机游戏的交互界面设计应用方法探析 [J]. 数码世界 ,2021,(1):39-40.

[24] 周凯 , 高玮 . 数字出版平台下昆曲 APP 界面交互设计研究 [J]. 新闻传播科学 ,2021,9(1).

[25] 瞿璟悦 , 刘瑩 . 海派木偶戏 APP 界面交互设计研究 [J]. 新潮电子 ,2023(1):136-138.

[26] 马黎 . 非物质文化遗产 APP 交互界面设计研究 [J]. 印刷与数字媒体技术研究 ,2023(2):65-72.

[27] 梁爽 . 医用配送机器人 PC 端后台操作界面交互设计研究 [J]. 科技资讯 ,2023,21(5):31-34.

[28] 钟兴仪 , 孙太伟 . 无意识行为在人机交互界面设计中的应用研究 [J]. 工业设计 ,2023(3):115-117.

[29] 金宇哲 , 许世虎 , 董航宇 . 基于用户体验的云建模平台界面设计研究 [J]. 包装工程 ,2023,44(4):277-287.

[30] 李建一 . 交互界面设计中色彩对受众的引导 [J]. 流行色 ,2023(1):154-156.

[31] 李传军 , 郑鹏 . 基于视频优化技术的舰船导航交互界面设计 [J]. 舰船科学技术 ,2023,45(8):4.

[32] 王蓓 .AR 技术下船舶导航系统交互界面设计 [J]. 舰船科学技术 ,2023,45(8):4.

[33] 蒋桐 , 谢子涵 . 基于心智模型提升摄影体验的移动端交互界面设计研究 [J]. 大众文艺：学术版 ,2023(5):3.

[34] 李云飞 , 蒙宇 , 周凯 . 基于图像处理技术的人机交互界面控制研究 [J]. 自动化技术与应用 ,2023,42(1):17-20.

[35] 吕家姗 . 具身认知视角下虚拟现实交互设计影响因素研究 [J]. 中阿科技论坛(中英文),2023(4):111-115.

[36] 綦弘敏 , 孔斐 . 基于拟人化的社交类 APP 界面设计研究 [J]. 设计 ,2023,36(3):132-135.

[37] 赵希岗 , 刘曼璐 . 基于情感化的界面设计研究 [J]. 中国美术 ,2023(2): 98-101.

[39] 汪丽兰 . 交互界面设计中的情感化因素研究 [J]. 化纤与纺织技术 ,2022,51(6): 176-178.